中外首饰赏析

ZHONGWAI SHOUSHI SHANGXI

(第二版)

李 琳 吕平平 编著

图书在版编目(CIP)数据

中外首饰赏析(第二版)/李琳,吕平平编著.—2版.—武汉:中国地质大学出版社,2022.7

ISBN 978-7-5625-5306-9

Ⅰ.①中…
Ⅱ.①李… ②吕…
Ⅲ.①首饰-鉴赏-世界
Ⅳ.①TS934.3

中国版本图书馆 CIP 数据核字(2022)第 102090 号

中外首饰赏析(第二版)		李 琳 吕平平 编著	
责任编辑:彭 琳	选题策划:张 琰	责任校对:张咏梅	
出版发行:中国地质大学出版社(武汉市洪山区鲁磨路388号)		邮政编码:430074	
电 话:(027)67883511	传 真:(027)67883580	E-mail:cbb@cug.edu.cn	
经 销:全国新华书店		http://cugp.cug.edu.cn	
开本:787毫米×1092毫米 1/16		字数:371千字	印张:14.5
版次:2022年7月第2版 2014年1月第1版		印次:2022年7月第1次印刷	
印刷:湖北金港彩印有限公司		印数:1—2000册	
ISBN 978-7-5625-5306-9		定价:69.00元	

如有印装质量问题请与印刷厂联系调换

再版前言

首饰原指头上的饰物,现代首饰的含义已扩大,泛指人们佩戴的各种装饰物,如耳环、项链、戒指等。纵观中外首饰发展史,我们发现首饰具有典型的时代和地域特征,首饰的发展与社会文化的发展息息相关。本书通过介绍中国古代首饰、外国古代首饰、外国近现代首饰、中外当代首饰、中外民族首饰、社会文化发展中的首饰,向读者阐述了一段完整的首饰发展历史。

《中外首饰赏析》(第二版)在原有内容的基础上作了如下修改。对"第一篇 中国古代首饰"中的内容进行更新与扩充,尤其是针对"第一节 中国古代首饰的发展历程",查阅了很多文献,按照年代顺序将中国每个朝代中的首饰种类与发展特征进行详细的归纳和总结。与此同时,笔者也分别考察了相关博物馆,搜集了大量的关于传世首饰的实物史料。在考察过程中,笔者由衷地感受到:对古代首饰了解得越多,就越被先辈们的智慧和鬼斧神工的精湛技艺所折服。由于笔者能力有限,有些内容的阐述不够全面,有些表述不够规范,敬请读者批评指正。希望这本书能够给首饰专业的学生以及从事相关工作的同行提供帮助,带领大家走入更深的首饰研究领域。

在此,非常感谢中国地质大学(武汉)张荣红教授,她在百忙之中对本书撰写提供了许多宝贵的修改意见。同时,也非常感谢搭档吕平平老师,他为本书编排工作出谋划策。最后,感谢家人与朋友的鼎力支持。

编著者
2022 年 7 月 1 日

前　言

　　首饰的历史久远,甚至远于陶艺。在社会文明建立之初就已出现了首饰雏形,之后随着物质文明的发展、社会的进步,首饰伴随着人类文明的发展而发展,在每个时代既是传统文化的延续者,同时也是当代文化的创造者。首饰因具备各种功能而被世世代代的人们所利用,并与人们有着极为密切的关系。因地域的差异,首饰在不同的时代背景下所表现的形式、风格各不相同。在东西方文化交流、民族融合的今天,首饰逐渐成为文化交流的载体,变得综合化、多元化,从而丰富了首饰文化,促进了社会文化的发展。

　　本书共分为六章,主要介绍中外各个时代、地域具有典型特征的首饰及首饰风格,让学生从中了解在特定的时代背景下中外首饰的种类、款式、材质、工艺及艺术风格等,为今后的课题研究、知识拓展打下坚实的理论基础。

　　此外,非常感谢中国地质大学(武汉)张荣红教授在百忙之中对我的指导,也非常感谢我的朋友张磊给我提出的宝贵建议,同时感谢我的同事及校领导的大力支持。

　　本书理论知识丰富,覆盖面广,其中涉及较多时代变迁下的首饰文化,虽参考了数本文物考古方面的书籍,但在某些首饰的时间界定上还存在遗漏之处,敬请谅解。希望本书能成为读者了解中外首饰的窗口,拓宽读者开展首饰研究的视野,为首饰专业的学生及从事相关工作的同行提供帮助。

编著者

2013 年 6 月

目 录

第一章 中国古代首饰 …………………………………………………………… (1)
　第一节 中国古代首饰的发展历程 ……………………………………………… (1)
　第二节 中国古代首饰种类 ……………………………………………………… (92)

第二章 外国古代首饰 …………………………………………………………… (129)
　第一节 古西亚首饰 ……………………………………………………………… (129)
　第二节 古埃及首饰 ……………………………………………………………… (131)
　第三节 古希腊罗马首饰 ………………………………………………………… (135)
　第四节 西欧早期首饰 …………………………………………………………… (141)
　第五节 中世纪时期首饰 ………………………………………………………… (144)
　第六节 文艺复兴时期首饰 ……………………………………………………… (146)

第三章 外国近现代首饰 ………………………………………………………… (150)
　第一节 18世纪至19世纪首饰 …………………………………………………… (150)
　第二节 新艺术运动时期首饰 …………………………………………………… (155)
　第三节 装饰艺术运动时期首饰 ………………………………………………… (157)

第四章 中外当代首饰 …………………………………………………………… (160)
　第一节 当代首饰特征 …………………………………………………………… (160)
　第二节 当代首饰三大主流类型 ………………………………………………… (162)
　第三节 当代首饰所表现的几种艺术风格 ……………………………………… (168)

第五章 中外民族首饰 …………………………………………………………… (174)
　第一节 中国少数民族首饰 ……………………………………………………… (174)
　第二节 泰国少数民族首饰 ……………………………………………………… (199)
　第三节 原始部落民族首饰 ……………………………………………………… (203)

第六章　社会文化发展中的首饰 ……………………………………………（207）

　　第一节　首饰的时代性 …………………………………………………（207）

　　第二节　首饰的地域性 …………………………………………………（209）

　　第三节　首饰的风格化 …………………………………………………（215）

阅读资料一 ……………………………………………………………………（217）

阅读资料二 ……………………………………………………………………（220）

参考文献 ………………………………………………………………………（224）

第一章 中国古代首饰

第一节 中国古代首饰的发展历程

一、原始社会

(一)旧石器时代

中国是人类的重要发源地之一,在距今170万年的云南省元谋县,元谋人便使用粗陋的石器捕食野兽。工具的使用是人类脱离动物界的开端,它使人的双手越来越灵活,大脑也相应地发达起来。在漫长的社会发展过程中,人类的审美意识逐渐萌芽,到了旧石器时代晚期,生活在我国辽河、黄河、长江等流域的远古人类,已经懂得在胸前坠挂被染成红颜色的项链了。当时人们已掌握钻孔、磨制和刻画技术,并能主动地运用各种技术对小砾石、动物牙齿、动物骨骼、蛋壳、河蚌、贝壳等小型天然物品进行加工。

在辽河流域小孤山遗址、黄河流域中游的吉县柿子滩遗址以及北京周口店山顶洞遗址中,均发现了串珠饰件,这些首饰绝大多数是由动物的牙齿、骨头、小石珠、小砾石等制成(图1-1、图1-2)。

图1-1 辽宁海城小孤山遗址出土的首饰

图1-2 山西吉县柿子滩遗址出土的首饰

旧石器时代晚期的首饰是原始首饰的雏形,它由简单的钻孔小石珠、兽牙串起挂戴在身上,主要以实用为目的,如满足生活需求或用于护身辟邪、吸引异性。低硬度的用料、接近材料原形的简单加工形式以及相同形状重复组合是这个时期首饰的主要特征。

(二)新石器时代

新石器时代是考古学家设定的一个时间区段,大约始于一万多年前,结束时间从距今5000多年至2000多年。

到了新石器时代,除了钻孔技术之外人们还发明了磨光技术、制陶技术以及玉石切割打磨技术,这些工艺技术的革新与进步对首饰的品类产生具有重要的历史意义。新石器时代人们挖掘出来的文物有头部的发笄、梳、冠,耳部的玦、珰、坠等,颈项部的项链、挂坠、串饰等,腕臂部的环钏饰,手部的指环,腰部的带饰等。从这些精美的饰物中可知,人类的装饰意识已在首饰的制作方面充分显露出来。

新石器时代首饰的种类丰富,但每类首饰的产生时间还是有先后之分。最早出现的头饰应该是骨笄,而后出现的是陶笄、玉笄、蚌笄、束发器等,梳与冠的出现则略晚一些。出现较早的耳饰是耳玦、耳珰,以玉制品为主,也有少量的陶制品及骨蚌制品。颈项部的挂饰是首饰出现的标志,自旧石器时代晚期至新石器时代,出现了不同天然材质、不同形式的项链,这些项链多由经复杂加工的珠、管、璜等穿制而成,这也充分体现了玉石类制作技术的发达程度。腕臂部的环钏饰除了玉石制品之外还出现了大量的陶质臂环,这也是新石器时代首饰的一个鲜明特点。另外,还有一些骨蚌、象牙环饰等。到了新石器时代晚期,带扣、带钩等腰部装饰品的出现得到了人们更多的关注,这一时期发现的有代表性的首饰如图1-3~图1-5所示。

第一章　中国古代首饰

图1-3　骨笄
（甘肃永昌鸳鸯池新石器时代遗址出土）

图1-4　玉串饰
（1982年上海青浦县出土）

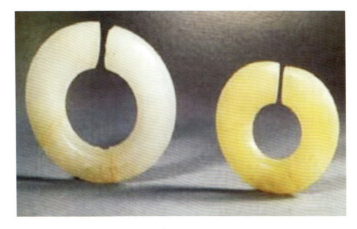

图1-5　新石器时代河姆渡文化玉耳玦

新石器时代除了有大量的玉制品、骨制品、陶制品、象牙、蚌类之外，还有玛瑙、绿松石等，首饰形式丰富多样。总之，这是一个首饰艺术发展和审美意识提高的漫长历史时期，也是人类文明的重要发展阶段。

小测试

1. 到了新石器时代，人类的装饰意识已在首饰的制作方面充分显露出来。这些精美的首饰主要有头部的（　　　　）、（　　　　）、（　　　　　），耳部的（　　　　）、（　　　　）、坠等，颈项部的项链、挂坠、串饰等，腕臂部的（　　　　　），手部的（　　　　），腰部的带饰等。

2. 新石器时代最早出现的头饰应该是（　　　　　），而后出现的是陶笄、玉笄、蚌笄、束发器等。

3. 出现较早的耳饰是耳玦、耳珰，以（　　　　）为主，也有少量的陶制品及骨蚌制品。

4. 请简述旧石器时代首饰发展的特征。

二、夏朝

约在公元前 2000 年,传说在中国北方有一个叫作"夏"的王国。"夏"是中国历史上第一个王朝,也是当时较大的部落,并已具备了高度文明。在河南、陕西、山西等地发掘出很多夏王朝的重要遗址,同时也说明了这些地方是夏朝活动的主要区域。

夏朝的服饰已有了尊卑贵贱之分,贵族的服饰非常华丽,与之搭配的首饰也相当精美。从出土的文物可知,当时的人们很喜欢将绿松石当作装饰品。据记载,夏朝已经有了最早的青铜器和最早的绿松石器作坊,绿松石的加工已达到了相当高的程度,青铜制品的出现使首饰制作材料的应用有了新的突破。

夏朝周边西北地区的先民已懂得将黄金和白银加工成纯粹的装饰品。甘肃玉门火烧沟墓葬出土的金银首饰是我国最早的黄金、白银饰品。

夏朝的首饰种类丰富,有发笄(多以骨笄为主)、金属耳饰、项链与胸前装饰品、臂饰、腰饰等。

1. 发笄

夏朝地处中原,人们喜欢将头发聚结于头顶或脑后,再用笄来插发固定,笄是束发的必需品。当时的发笄多用较好的骨料制成,样式虽简单却很工整,以圆顶居多,常见的还有锥形(图 1-6)及少量的平顶和连珠形。

2. 金属耳环

夏朝已经开始出现金属耳环,河北蔚县夏商文化遗址出土的一枚耳环是以青铜制成的,样式十分简单,仅用较粗的铜丝弯曲而成,铜丝的一端被捶打磨尖,可穿过耳垂,这是迄今为止所见年代最早的耳环。

3. 项链与胸前装饰

夏朝的贵族十分注重胸前部位的装饰,主要有以下三种装饰形式。

第一种:整条项链由绿松石串成,多以绿松石管珠和绿松石片为主(图 1-7)。

图 1-6　骨笄
(山西襄汾陶寺遗址出土)

图 1-7　绿松石串珠
(河南偃师二里头遗址出土)

第二种:绿松石与陶珠混穿搭配的项链,或是纯粹地由陶珠制成的串饰以及用贝壳、骨珠或骨环制成的串饰。

第三种:用绿松石片镶嵌制作的兽面纹铜牌饰,多以方形为主,中间有弧状束腰,两端各有两个穿孔钮,其凸面由许多不同形状的绿松石嵌成兽面图案(图1-8)。

4. 臂饰

夏朝的贵族喜爱臂饰,有佩戴玉臂环或玉琮的习惯,其中有一些臂饰上镶嵌绿松石和蚌片等。

小测试

1. 在夏朝,(　　　　)的出现使首饰制作材料的应用有了新的突破。

2. 夏朝的发笄多以(　　　　)为主。

3. 夏朝贵族的胸部装饰主要有哪几种形式?

图1-8　嵌绿松石饕餮纹铜牌饰
(河南偃师二里头遗址出土)

三、商朝

公元前16世纪,取代了夏朝的商朝的早期都城为"亳"(今河南郑州),之后商朝国都频繁迁移,最后定都在"殷"(今河南安阳)。在青铜制作方面,当时的人们有着十分高超的技术,现今在殷墟墓葬中发现的大量装饰品可佐证。殷墟妇好,这个在生前掌握重要权力的女人,一生拥有显赫的地位,商朝的首饰发展脉络在她身上清晰可见。

商朝首饰的制作材料非常丰富。考古资料证明,我国最早的金制品始现于夏朝,但数量极少,直到商朝,金制品才广泛用于首饰制作中。金属的出现使首饰在制作方面与原始社会相比产生了质的飞跃,这也是社会文明发展和文明程度提高的必然产物。到周朝因受社会礼仪的影响,人们对首饰的佩戴也有了一定的要求,因此首饰除了具有实用功能外,也是地位、权势的一种象征。

这个时期的首饰种类主要有冠、笄、梳等头饰,玦、珰、环等耳饰,由琥珀、绿松石、玉、骨制成的串饰,玉瑗、金臂钏等臂饰以及各类佩饰,非常丰富。

(一)冠饰

那种用贝壳、玉石或绳带、皮条等编在一起箍于发际,不使头发散乱的额带或发箍,到了商朝逐渐被做成固定的式样套在头上,称为"頍"(类似发箍)。頍受到当时来自社会各个阶层的人们的喜爱,样式繁多,不仅有素頍,还有一些在前额或两侧缀上蚌花、蚌泡等作为装饰品的頍(图1-9)。

图1-9　金冠圈(现藏于成都金沙遗址博物馆)

除此之外,在商朝出土的文物中发现,许多人的头上戴有奇异的高冠,冠上都有华丽的装饰品,如绿松石片、石管或玉等。这种高冠很不寻常,也许是为祭祀所戴。

(二)发饰

1. 发笄

商朝的发笄材料种类更加丰富,除了以前的竹、石、骨、玉之外,还出现了铜质发笄和金质发笄。夏朝周边西北地区的先民们已经懂得如何将黄金、白银加工成纯粹的装饰品。

在商朝,玉笄仍旧是贵族的饰物,铜质发笄的使用范围也相当广泛。当时的发笄制作精美,人们更加注重笄首的装饰,式样有凤头、鸟形、鸡形,还有夔形、羊形、圆盖形、方牌形及种类繁多的几何纹样,其中笄首装饰着夔龙形的发笄是商朝晚期出现的一种非常华丽的样式。另外,当时的人们还特别喜欢戴鸟形发笄,鸟形发笄多是在笄首雕刻鸡雏或凤鸟的形状。这种用鸟的图案制作头饰的风俗源于古人对鸟与太阳的崇拜(图1-10、图1-11)。

图1-10 鸡形笄
(河南郑州市北郊商朝遗址出土)

图1-11 夔龙形骨笄
(河南安阳殷墟妇好墓出土)

对于当时交通不便的人们来说,神奇的鸟儿自由自在地在天上飞,是非常神秘莫测、令人神往的事情。到后来,鸟被人神化,甚至连商朝的建立也被认为是鸟的功劳。传说中,仲春之时,有娀氏族的女儿简狄和她的丈夫高辛氏到郊外向高禖求子,这时上天命令玄鸟降下一只鸟蛋,简狄吞食之后,不久就生下了商朝的始祖"契",所以在商朝似乎有以玄鸟为生育之神的信仰。

在商周交替时,还见有一种精巧的伞形骨笄,这是当时男子戴冠时的冠笄。另外,商朝已经开始出现了发钗,即双股的簪子。

2.梳

商朝梳子的外形基本上是竖直形,梳把较高且窄。梳子的材料有骨、玉(图1-12)、象牙和铜等。

图1-12 玉梳
(河南安阳殷墟妇好墓出土)

(三)耳饰

1.耳玦

在原始社会,玦就已经出现并流行,商朝以前的时期以素面无纹的玉玦居多,到了商朝,人们开始在玉玦上雕刻纹饰。此外,还把立体的龙形玦做成平板的样式,并用独特的双钩玉刻技法画出纹饰。这类纹饰成为当时极富特色的饰物之一,且一直延续到周朝(图1-13)。

2.耳环

金属耳环样式增多,多见于辽宁、河北两省,应属北方草原民族的饰物。其中,在当时流行一种很特别的喇叭状耳饰,是将耳环的一端压扁成喇叭口,另一端保持尖锐的形状,便于佩戴,长度为8cm左右。这类耳饰在中国北方比较流行(图1-14)。

图1-13 龙纹玉玦
（河南安阳殷墟妇好墓出土）

图1-14 金耳环
（北京平谷刘家河商墓出土）

商朝晚期，中国西北地区的贵族圈还流行佩戴一种用两片很薄的金片打制的纯金耳饰，一端呈螺旋状，另一端收窄成金丝（可以穿入耳孔），有的上面还串有一颗绿松石（图1-15）。

图1-15 金耳饰
（山西石楼县李家崖文化遗址出土）

而在南方地区，人们也喜好穿耳孔、戴耳饰，无贵贱之别，一般在双耳垂各穿一孔，有的甚至在耳廓至耳垂上各穿三个耳孔。现今女孩在耳朵上打几个小洞戴耳钉的装饰行为原来古已有之。

（四）项饰

商朝的贵族和平民百姓很喜欢佩戴项饰，因此当时的项饰种类很多，式样也很丰富，由各种材料制成的珠、管项链十分常见（图1-16、图1-17）。北方及西北地区的贵族还流行在胸前佩戴黄金饰物及金质项圈。

图1-16　玉石管项饰
（河南安阳殷墟妇好墓出土）

图1-17　红玛瑙项饰
（河南安阳殷墟妇好墓出土）

（五）其他首饰

在商朝，手镯的佩戴无贵贱之别，非常普遍，有的于左、右腕各戴三只镯，有的各戴两只。扁圆形、圆形是当时人们最喜爱的样式。

商朝出现了一种称为"韘"（音同"射"）的饰物（在清朝时被称为扳指），不仅能够起到装饰作用，还具有很强的实用性。当时的人们，用弓箭射击猎物时，常常会伤到手指，为了避免不必要的伤害，人们便将玉制的韘套在大拇指或食指上，作钩弦之用（图1-18）。

图1-18　韘
（河南安阳殷墟妇好墓出土）

小测试

1. 在（　　　　）时期，黄金广泛地运用于首饰制作中。
2. 笄首装饰（　　　　）形的发笄是商朝晚期出现的一种非常华丽的样式。
3. 在商朝的北方（　　　　）形耳环很流行。
4. 请简述商朝首饰的发展特征。

四、周朝

商朝的西部泾水、渭水流域生活着一个古老的部族"周"。随着商朝的衰落,周朝逐渐强盛起来。早期的周称西周,定都镐京(今陕西西安),传了11代、历经近300年,至公元前771年被其西部少数民族犬戎所灭。再即位的周王将都城迁往洛邑(今河南洛阳),史称东周。周王重礼,制定了很多极为详细的礼节和宗法制度,以及一整套规范的服饰佩饰制度。

(一)冠

周朝仍沿用商朝的一些冠饰,但又略有不同。周朝男子在20岁左右便要行冠礼,因为戴冠是贵族男孩子成年的标志。

(二)发饰

1. 副

周朝时期,人们就已制作了不同形式的假髻来美化自己。当时,用真人的头发编成假髻,在上面横插玉笄,并在玉笄上挂坠漂亮的玉饰或金银饰品,这样一整套饰物被称为"副",也叫作"副贰"。只有王后和贵妇能够拥有"副",并且只在最重要的祭祀场合中才佩戴。副是当时最为华丽的一种妇女头饰。然而,这些被做成假髻的真人头发,大多来自当时社会中的贫贱之人和刑者的头发。

2. 发笄

周朝不论男女都喜欢佩戴鸟形发笄。考古人员在周朝初期的墓地中发现了大量的骨笄,长度为10~20cm,其中大部分的发笄的笄首雕有鸟或鸡的纹饰。另外,当时青铜业仍处于鼎盛时期,青铜质发笄比较盛行(图1-19)。

商朝尊鸟习俗被周王朝所传承,并进一步加以神化。传说在周文王统治时期,一只美丽的凤鸟在岐山鸣叫,周人视为兴旺之兆,于是有别于商朝的凤鸟纹更加风行。从"玄鸟生商"到"凤鸣岐山",古人甚至认为,人死之后的灵魂也会像鸟一样飞向远方,而在每年春天又会返回故乡来看望亲人。这些认知其实都源于当时的人们借助飞鸟来表达对先人的怀念。人们插戴有鸟饰的发笄,如飞鸟正掠过或停留在乌黑的云鬓,给人美好的遐想。

在周朝,女孩子戴笄被视为标志成年的人生大事。如同男子举行冠礼一样,女孩子在成年时需要举行"及笄之礼"的仪式。根据周朝的礼俗,女子年过15周岁,如果已经许嫁,便要举行一个隆重的笄礼;如果年过20岁而未许嫁,也要举行笄礼,只是不及上述的笄礼隆重。

3. 衡笄与珈

横插在发笄之中的玉笄,也称为"衡笄"或"衡",是贵族

图1-19 西周青铜鸟形发笄

妇女穿祭祀服时所佩戴的头饰中的一种。由于衡笄较长，人们在佩戴时会在它的两端用丝绳垂挂充耳。横插发笄是古老插发方式的一种，在韩国传统装束中，仍保留着与中国古代妇女极为相似的装束（图1-20）。

"珈"是垂挂在衡笄下的一种小玉饰，走动时会不住地摇动，很像后世较为流行的"步摇"（也可以说是步摇的前身）。

4. 翠翘

翠翘是周朝男子头上的一种饰品。古人把翠鸟尾巴上的长毛戴在发髻上或冠上。这种装束可以给男子平添几分英武之气。

5. 梳

周朝的发梳制作相当精美，具有很强的装饰效果。

图1-20　韩国传统装束

这一时期，出土的有象牙梳、玉梳、青铜梳等，梳把较高、横面较窄，以实用为主（图1-21）。

图1-21　象牙梳
（北京房山琉璃河西周燕国墓出土）

图1-22　玦
（河南三门峡西周虢国墓出土，现藏于北京故宫博物院）

（三）耳饰

无论是在中国南方还是北方，周朝穿耳习俗仍旧盛行，不分男女。玉玦、玉珰、耳瑱、耳坠等耳饰，多以玉质为主（图1-22）。

（四）项饰与胸饰

周朝的项饰种类很丰富，主要分以下四种类型。

第一种是由形状不同、色彩各异的小饰件任意或按照某种对称的规律串成的项饰。这类项饰主要由蚌贝、海贝、玛瑙、绿松石、琥珀等材料制作,另外在很多项链实物中,罕见的水晶和玻璃质材料也开始出现,以琉璃珠穿制而成的项饰最早见于西周(图1-23)。

第二种与第一种很相似,只是在整件项饰的下部正中都有一件璜形饰坠。在周朝项饰中,璜形坠饰的使用得到普及,甚至成为一件项饰的最重要的一部分(图1-24)。

图1-23 项饰
(陕西宝鸡西周渔国墓地出土)

图1-24 饰有璜形坠饰的项饰
(河南三门峡虢国夫人墓出土,现藏于震旦博物馆)

第三种项饰的装饰性很强,多出现于西周晚期至东周。这种项饰的特别之处在于由双股玉珠并入一件刻有纹饰的玉牌中(图1-25)。

第四种项饰是所有项饰中最复杂和最华丽的一种。由于它们的体量很大,又都发掘于墓主人的胸腹部,过颈佩戴,一般称它们为"胸饰"。这类胸饰主要就是璜与珩,中间有时还穿插一些小动物的项饰,这些项饰按照从上到下的顺序,可分很多层,最多的甚至可达十几层(图1-26)。

(五)其他佩饰

1. 玉佩饰

周朝的玉,有相当大的一部分用于礼仪和巫术,多以动物造型出现,其中龙形佩较为多见,此外也有少量的人龙合体形玉佩(图1-27)。

图1-25 玉项饰
(山西曲村-天马遗址晋侯墓地出土)

第一章　中国古代首饰

图1-26　玉项饰
（现存于无锡信利博物馆，
山西曲村-天马遗址晋侯墓地出土）

图1-27　人龙合体形玉佩
（现藏于故宫博物院）

2.玉组佩

两周时期复杂的组佩成为贵族出身等级的象征。这时的身体佩饰无论是佩戴的部位或是佩饰组合形式都十分独特，特别是用众多的玉按照一定规律组合的玉组佩（图1-28）。

此外，在西周虢国公墓中出土了一组金带饰，由垂叶形的金饰、虎头形饰和一些弧面扁环等饰件组成（图1-29）。

图1-28　玉组佩
（河南平顶山新华区薛庄乡应国墓地出土，
现藏于河南博物院）

图1-29　金腰带饰
（河南三门峡虢国墓地出土，
现藏于河南博物院）

小测试

1. 周朝男子在20岁左右举行（　　　　），是男子成年的标志。
2. 周朝男女都喜欢佩戴（　　　　）形发笄。
3. 在周朝，如同男子行冠礼一样，女子也需要举行（　　　　）的仪式。
4. 以琉璃珠穿制而成的项饰最早出现于（　　　　）。
5. （　　　　）是周朝男子头上的一种饰品，即古人把翠鸟尾巴上的长毛戴在发髻上或冠上。
6. 在周朝为什么玉佩如此受人喜爱并被视为珍宝？
7. 请阐述周朝胸饰的形式种类。

五、春秋战国时期

春秋战国时期社会一直处于分裂割据的混乱状态，社会生产力遭到破坏，在这段混乱的年代里，人们的思想却相当活跃，使得这个时期的社会经济、政治制度、文化思想和民族融合得到了空前的大发展。作为中国传统文化的主流，贯穿于中华民族几千年发展史中的儒家思想，就起源于春秋时期，而儒家文化以玉来体现君子高贵的品德，因此在这一时期，各种玉质首饰受到高度的重视。此外，在艺术品的风格上，战国时期北方各国多呈现出特有的古朴雄浑之美，而以楚国为代表的南方地区，其艺术品则具有充满激情的色彩且造型优美灵动，与商周时期神秘而凝重的风格相比有十分明显的变化。

（一）头饰

春秋战国时期，诸侯争雄，当时的贵族十分喜爱佩戴各种形式的高冠和弁。弁是当时比较尊贵的帽子，有皮弁、爵弁之分（图1-30）。

当时的发笄与以前相比没有很大的区别，材料多以玉质为主。

图1-30　唐朝阎立本《历代帝王图》
（局部）

图1-31　金耳坠
（现藏于上海博物馆）

(二)耳饰

春秋战国时期穿耳习俗仍然流行。春秋早期的墓葬中,龙纹耳玦比较多见,说明当时仍继承了商周的风俗。耳环多见于北方草原民族地区,其形状一般是用较粗的金属丝缠绕数圈,很像现在的弹簧。另外,长耳坠是北方民族耳饰中最漂亮的一种,造型复杂、工艺精巧,多使用黄金、玉、绿松石、珍珠及骨牙串珠等不同的材料制成(图1-31)。

(三)项饰

春秋战国时期流行较为简单而精致的项饰。材料多样是这一时期项饰的特点,除了玉、玛瑙、绿松石外,还有整串以水晶或琉璃珠制成的项饰(图1-32、图1-33)。

图1-32 牙骨项饰
(现藏于台北故宫博物院)

图1-33 玛瑙项饰
(现藏于河北博物院)

水晶在古代也称"水精""水玉",特指似水之玉,被认为是"千年之冰所化"。水晶,晶莹剔透,玉洁冰清,魅力无穷,仪态万千。它以其纯净、透明、坚硬的质地,被古今中外的名人志士视为坚贞不屈、纯洁善良的象征。齐国(现今江苏北部和山东东南部)盛产水晶原矿,以东海县为中心,在数千平方千米范围内盛产水晶,至今仍有"东海水晶"的美称。

琉璃,古时也被称为"璆琳""陆离"等,后来统一称为"玻璃"。玻璃是人类最早发明的人造材料之一,也曾经是最昂贵的材料之一。中国烧制琉璃的技术,在春秋战国之际已经成熟。战国的琉璃珠十分独特,多以陶坯为胎,然后在陶胎上用有色玻璃粉绘成图案,再入窑烧制,烧出来非常美丽灿烂。当时的琉璃珠大多是以淡绿色和淡蓝色为主,纹饰也很丰富。考古发现年代最早、数量最多的是一种叫作"蜻蜓眼"的琉璃珠,这是因为珠上一组组的同心圆纹饰就像蜻蜓的眼睛凸出在珠子的表面,同心圆的圈数从二三个至八九个,圆圈的颜色也多为蓝白相间,但也有棕色和绿色。

春秋战国时期除了流行佩戴简单而精致的项饰外,人们还常佩戴以玉舞人为主要部件组成的饰物。此类坠饰多挂于胸前,也是这一时期项饰的最大特点。这种玉舞人佩饰直到汉朝仍十分流行(图1-34)。另外,战国中期,开始出现项圈。项圈是指用金属做成的环状饰物,除了妇女、儿童佩戴,在北方民族地区,成年男子也喜爱戴这类饰物。

图1-34 玉舞人颈饰
(现存于美国佛利尔艺术馆)

图1-35 战国金臂钏
(现藏于甘肃省文物考古研究所)

(四)臂饰

当时的玉镯多以扁圆环形的玉瑗形式出现。少数民族多佩戴金属手镯,这种金属手镯主要以铜质为主,也有金质,有些镯面较宽,表面还饰有精美的云纹、圆圈纹、锯齿纹等(图1-35)。

(五)佩饰

1. 玉佩饰

佩玉的缘由:春秋战国时期,人们崇尚玉,玉成了"天下莫不贵者",同时也是各诸侯邦国间交往所赠送的贵重礼物。玉风行的更重要的原因:其一是周朝初期产生了神秘的玉理论,该理论在春秋时期又被附上了更深刻的道德含义。当时的社会推崇儒家思想,儒家的仁、义、礼、智、信五德之说涵盖其中。人臣君子都以玉来体现自己的品德。其二,这段时期社会动荡,西周严格的礼制观念发生动摇,一些身份较低的士庶亦可佩戴玉组佩,到了后来,甚至俾妾乐伎佩戴玉组佩也不受限制。这种既具有道德含义又有装饰作用的玉组佩受到整个社会的推崇,以至春秋战国时期的玉器中,礼器用玉减少,而佩玉的品种数量大增。

当时人们异常活跃的思想也使玉饰的造型显得更加生动活泼。工匠们摆脱了西周时期的那种古拙的造型,掌握了自由灵活的雕刻技法,制作了具有复杂曲线、镂刻精美的雕刻品。这一

图1-36 玉组佩
(现藏于震旦博物馆)

时期的玉组佩的佩戴方法很讲究,不同的等级、性别、年龄等都会有不同的佩玉(图1-36)。当时主要有两种佩戴方式:一种是从颈部经胸部而直垂于膝下,另一种是在腰间正中佩一套或两套玉组佩。

在佩戴玉佩时,走起路来各种玉饰会因相互撞击发出有节奏的叮咚之声,十分悦耳。如果玉声一乱则说明走路之人乱了节奏,有失礼仪,这就是人们佩戴玉组佩的另一种用途,即规范礼仪,因此玉佩还俗称"禁步"(后面章节会详细介绍)。

2. 带钩

带钩是系于腰带两端的钩环之物,起连接皮带的作用。在春秋时期,各地均有数量有限的带钩被发现。而到了战国时期,带钩开始普及并盛行。当时的带钩一般是由钩首、钩身和钩钮三个部分组成,按制作材料大致可分为玉质带钩、纯金或鎏金银带钩、青铜鎏金带钩、鎏银镶宝玉石带钩等。在玉质带钩中,钩首大多被做成螭首(螭是传说中的龙),因此此类带钩又称为龙钩。带有纹饰的玉带钩十分贵重,其琢制工艺繁复而精致,且有相当高的艺术价值(图1-37)。

带钩之外还有带饰,即在皮带上等距离镶嵌

图1-37 包金镶玉银带钩
(现藏于中国国家博物馆)

一些纹饰相同的装饰部件,它们多由金、银、铜、玉等制成,一些带饰上的纹饰具有艺术特色。

小测试

1. 春秋战国时期,各种( )首饰受到高度重视。
2. 弁是春秋战国时期比较尊贵的帽子,有( )、( )之分。
3. 春秋战国时期,仍继承商周的风俗,( )耳玦较为多见。
4. 水晶在古代也称( )、( )。
5. 年代最早、数量最多的是一种叫作( )的琉璃珠。
6. 玉佩还俗称( )。在先秦时,越是尊贵之人,他们的行步就要越( ),他们的玉佩长度则要求更长且做工更加复杂精致,以显示佩玉者的身份。
7. 到了战国时期,腰饰( )开始普及并盛行。
8. 带钩一般是由( )( )和( )三个部分组成。
9. 请简述春秋战国时期玉佩的两种佩戴方式。

六、秦汉时期

秦汉时期是中国历史上最辉煌的时代之一。文化生活的丰富多彩使人们开始注重修饰自身,供人理容的铜镜不仅只供贵族们享用,富有的商人和舞女也可拥有。另外,汉朝的丝绸等物品源源不断地输往中亚和欧洲,外国的奢侈品也相继传入中国。各种商业贸易活动的兴盛使中国很早就出现了珠宝商人。

秦汉时期首饰材料丰富,水晶、石榴石、珍珠等大量出现;首饰形式多种多样,其中头饰最为突出,出现了步摇等华丽的头饰;首饰制作工艺也日益精湛,出现了点翠工艺等多种传统手工艺。

用珍珠做成的首饰在汉朝很少被提到,珍珠在当时多被装饰在衣服上,但确实存在珍珠首饰。在中国,有关珍珠的记载可以追溯到3000多年以前。据《战国策》记载,在陕西扶风强家村的西周中期的墓中,出现了大小不一、被穿孔的珍珠实物。中国自古就产珍珠,主要产区是广西的合浦,此处在汉朝时以产珍珠出名。另外,在广东省的雷州,贩卖珍珠的商人随处可见。

点翠工艺是一项中国传统的金银首饰制作工艺。翠,即翠羽,翠鸟之羽。点翠工艺结合了中国传统的金属工艺和羽毛工艺的制作方法。它的操作方法是:先用金或鎏金的金属做成不同图案的底座,再把翠鸟背部亮丽的蓝色的羽毛仔细地镶嵌在底座上,以制成各种首饰器物。翠羽根据部位和工艺的不同,可以呈现出蕉月、湖色、深藏青等不同色彩,加之鸟羽的自然纹理和幻彩光,可使整件作品富于变化、生动活泼。

(一)冠

秦统一中国后,彻底废除了周礼,并在吸取各诸侯国服饰特点的基础上统一了冕服制度。到了汉朝则作了更加详细的规定,其中冕冠中冕琉的多少和质料的差异是区分贵贱尊卑的标志。汉朝习惯称帽子为"头衣"或"元服",贵族戴的头衣为冕、冠、弁,百姓戴的则为巾、帻等。

(二)发饰

汉代是发髻发展的开端时代,从这个时期起,女子髻式日益丰富、变化无穷。

1. 巾帼

假髻的使用在我国由来已久,汉朝女子的假髻被称为"巾帼",因常为女性所专用,故引申为女子的一种代称。它是一种用假发制成的形似发髻的帽状饰物,用时只要套在头上即可,到东汉时期,假髻广受推崇。

2. 发簪

笄在秦汉时期以后被称为"簪子",簪有"赞"的意思,是古人身份的象征。汉朝早期流行椎髻发式,因这种发式无需在头顶束髻,故人们很少插戴发簪。到了东汉时期,马皇后的四起大髻流行起来,妇女们才开始盛行高髻,自此以后,中国古代妇女的发髻都以高髻为主。汉朝发簪主要以玉质、骨质、角质为主,玉质的发簪最为贵重,人们认为佩戴白玉可体现高贵典雅的气质,那时的玉簪还有一个别称——"玉搔头"。这一时期女子插戴发簪的方法开始多样化,发簪的制作也更为精良,簪上的装饰也日趋华丽、变化多样(图1-38)。

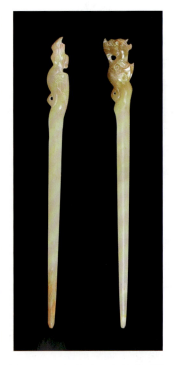

图1-38 汉朝白玉龙凤首对簪

玉搔头的来历是一个趣闻,在《西京杂记》中记述:一天,汉武帝到他所宠爱的舞伎李夫人宫中,忽然头皮发痒,便随手拿起李夫人头上的玉簪搔头。从此以后,宫中嫔妃的簪多用玉制成,以至于当时的玉簪身价百倍,"玉搔头"这个别称一直流行了很久。但是,当时的平民百姓多使用由竹、木等廉价材料制作的发簪。

3. 发钗

秦汉时期,贵族妇女所使用的发钗多用金、玉、琥珀等材料制成,士庶之家的妇女常使用银钗,而家境贫寒的女子多使用由铜、骨制作的发钗。值得注意的是价格低廉的铜钗在人们心中有很高的价值,即使后妃贵妾也对它另眼相看(图1-39)。

"鎏金铜钗"因其特殊的制作方式而成为男女之间的定情信物。它的制作方式是在铜钗的表面涂上一层很薄的金液,形成"金面铜芯"。"铜芯"与"同心"谐音,取"百年好合、同心永结"的吉祥寓意。

图1-39 汉朝铜钗

图1-40 山东沂南汉砖拓片中戴胜的西王母

4. 胜

当时胜的基本形式大致是由一根横梁为支撑,横梁的两端各缀有一件对称的小饰物(图1-40)。戴的时候横梁可以架放或穿插在发髻中间的正前方,这样就可以起到支撑发髻的作用。从制作材料的不同来区分,胜的种类很多,有金胜、花胜(华胜)、织胜(布锦制成的胜)等。

5. 步摇

步摇的使用由来已久,最早出现于战国至西汉时期。到了汉朝步摇开始普及,汉朝的人们常用凤鸟来装饰步摇,这缘于当时汉武帝以凤为尊的做法。汉朝的步摇多被插戴在发前正中部位,也有成双佩戴的做法(图1-41)。

6. 山题

"题"即"额",意思是戴在额前的一种山形饰物,用以提醒戴着它的人们为人处世要做到稳重如山。山题多以黄金制成,通常被当作一个基座,与步摇搭配使用。

图1-41 西汉金步摇
(现藏于甘肃省文物考古研究所)

(三)耳饰

秦汉时期,皇后、嫔妃皆不穿耳,一般用耳瑱装饰耳部。耳瑱,一般用玉制成,悬挂于发簪,簪与珥连成一体。

这一时期平民百姓皆穿耳,并且所戴的耳饰一般都是以耳珰的形式穿过耳孔来佩戴。戴耳珰前必须穿一个大耳洞,而这种穿耳任务要由女孩子的母亲或其他长辈来执行。当时的耳珰多为腰鼓形,一端较粗,且常凸起呈半球状,戴的时候要从细的一端塞入耳垂的穿孔中。这种穿耳方式与耳珰的样式至今仍被我国一些少数民族地区的女性所沿用(图1-42)。

图1-42 琉璃耳珰

(永靖县罗川村小塬东汉墓出土,现存甘肃临夏回族自治州博物馆)

(四)项饰

1. 串饰

这段时期串饰的制作材料极为丰富,除玉、水晶、玛瑙珠之外,还有琉璃珠、瓷珠、蚀花玉髓珠、琥珀珠、珍珠等,珠子的形状并不规则,穿法也十分随意(图1-43、图1-44)。

琉璃珠是很珍贵的材料。秦汉时期的琉璃珠与战国时期不同,因具有玉的外观,甚至还有比玉更加明亮的光泽而受到重视。两汉时期的琉璃珠中的釉料成分较少,这与战国琉璃珠有所不同,所以显得比较平滑细薄。汉朝的琉璃珠的色彩比前朝琉璃珠的更加丰富鲜艳。汉朝的琉璃珠的独特之处是它具有"汉绿釉",色彩似玉,丰富鲜艳。此外,还呈黄色、白色、蓝色、褐色,有时人们还会用金箔装饰琉璃珠。

2. 金项饰

在出土的汉朝金银饰品中,有用不同形式的金珠、管珠等穿制而成的金项饰,同时还有各种金质的坠饰、项链等。这类项饰中所展现的金丝编织工艺十分精巧。

3. 玉坠饰

当时出现了很多坠饰,多为玉质,有玉舞人、蝉形、瓶形、花蕊形、联珠形等形状的坠饰,其中翘袖折腰的玉舞人坠饰是当时最漂亮且最流行的一种玉坠饰。玉舞人坠饰起源于战国时期,流行于汉朝,都是作为整体佩饰中的一个饰件使用的。玉舞人坠饰大多出土于帝王墓,不过汉朝以后却很少见到这类玉饰(图1-45)。

图1-43 紫晶多面体串饰
(现藏于广西合浦汉代文化博物馆)

图1-44 蓝色玻璃串珠
(现藏于广西壮族自治区博物馆)

图1-45 玉舞人项饰
(河北满城2号西汉皇后墓出土,现存于河北博物院)

(五)臂饰与手饰

汉朝妇女从手臂到手腕上的装饰有金臂环和绕腕的双跳脱等。西汉时期,在少数民族地区铜镯的佩戴较为普遍,同时还出现了由金、玉等材料制作的手镯。东汉至魏晋时期,中原地区的妇女则多佩戴玉镯和金银镯等(图1-46)。

图1-46 臂钏
(东北吉林榆树老河深东汉墓出土)

这一时期,指环被称为"约指",有约束、禁戒之意(图1-47)。由于受到西域文化的影响,这一时期的约指,相对于之前的指环,材质更为丰富。金、银、铜等金属材质的约指占据了主导地位,在个别的墓葬中,还曾出土了一些镶嵌绿松石、琉璃、玛瑙等材质的约指。到了东汉时期,人们已普遍佩戴指环。在汉朝的民间诗歌中,指环也是青年男女在热恋中相互馈赠且有象征意义的定情信物之一。

(六)佩饰

1. 玉佩饰

秦汉时期,为了便于佩戴,玉佩饰的组合一般都设计得较为简单随意,当时称作"环佩",这表明组成佩饰的部件可能是环与瑗。到了东汉时期,又恢复了曾一度流行的"大佩制度",要求人们在祭祀大典时必须佩戴由各种玉饰合成的组佩(图1-48)。这一时期玉饰的雕刻手法多样,透雕与阴线刻的技术更加成熟。在内容上,工匠们融入了许多神话故事和人物题材,无论是流动的云纹还是奔腾的飞禽走兽,都充满生机。丰满的构图和夸张的形体体现了秦汉时期特有的时代风貌,此时也出现了继史前文化玉器、商代玉器、战国玉器之后的第四个玉器发展高峰。

另外,汉朝的人们仍然喜爱各种玉人佩,这些佩饰一般都被用作辟邪饰物,如被称为"翁仲"的小玉人就是一种辟邪饰物。除此之外,还有"刚卯""眼卯"等辟邪饰物,呈长方柱形,中间有孔以供穿绳佩戴,形似当代的方形平安无事牌,可在腰间成双成对佩戴,材料多为玉、金、桃木等。

2. 带钩

秦汉时期的带钩已是佩戴革带的必备之物(图1-49、图1-50)。常见的式样有琵琶形、棍形、兽形、鸭形等。汉朝琵琶形带钩的钩身狭长,与春秋战国时的稍有不同,它们造型挺拔,配有金银错纹饰,十分精美。因汉代人普遍喜欢在饰物或器物中刻有吉祥用语,有些带钩的钩身上刻有一些吉祥套语,这是这一时期首饰的最大特色。

图1-47 滇文化绿松石约指

图1-48 玉组佩
(广东南越王墓出土,
现藏于广州南越王宫博物馆)

图1-49 西汉玉带钩
(江苏省铜山县小龟山汉墓出土,现藏于南京博物院)

图 1-50 铜错金银瑞兽铜带钩

小测试

1. 秦汉时期的首饰材料丰富,(　　　)、(　　　)等大量出现。
2. 秦汉时期的制作工艺也日益精湛,出现了(　　　)工艺。
3. 汉朝人们习惯称帽子为(　　　)或(　　　)。
4. 汉朝女子的假髻被称为(　　　)。
5. 笄在秦汉时期以后开始称为(　　　)。
6. 汉朝玉簪的别名为(　　　)。
7. (　　　)发钗变成了男女的定情信物,取"百年好合、永结同心"的吉祥寓意。
8. (　　　)是汉朝最漂亮且最流行的玉佩饰。
9. (　　　)是秦汉魏晋南北朝时期人们对指环的一种称呼。
10. 请简述秦汉时期首饰的发展特征。

七、魏晋南北朝时期

魏晋南北朝历经400年之久,先后建立了30多个政权,是继春秋战国之后又一个社会动荡的历史时期,也是一个最富于变化的时代。在这漫长的历史中,战乱的局面打破了中国自古以来制定的许多"礼制",礼玉文化逐渐淡出人们的视野。这时候,用于凸现统治阶段地位的物品不只是玉器,还有金、银。

创建于古印度的佛教,在两汉时期从西域传到中国,在南北朝时盛行全国。据说,当时全国有400万僧尼、4万多所寺院。在这种浓厚的佛教文化氛围中,外来文化也同佛教一起传入中国,推动了这个时期装饰艺术的改变。当时的各个艺术装饰领域既融入了我国北方少数民族的习俗,又展现了宗教艺术特点。

在佛教传入中国的过程中,一些名贵宝石等材料也相继传入中国。这个时期首饰需求量大,种类丰富,不过佩玉礼制逐渐式微。当时的首饰有等级之分,贵族妇女的首饰用金、银、玳瑁等材料制成,而一般平民妇女的首饰则是用银、铜、骨类等制成。这一时期的首饰发展主要有以下特征。

(1)金银首饰开始盛行,在继承秦汉传统首饰文化的基础上兼收并蓄,汲取不同民族及西方国家金银工艺的精华,出现了耳坠、手镯、指环、各种头饰等金银首饰,但玉质首饰相对较少。

(2)妇女发髻的样式又高又大,簪钗实用性强。

(3)在魏晋南北朝时期普遍流行佩戴指环(戒指)。

(4)这一时期金银首饰的制作技术更加完善,錾刻、镂雕、掐丝、镶嵌、焊缀金珠等工艺手法较盛行。

(5)佛教文化艺术的传播对首饰也有一定的影响,首饰装饰题材常引用佛教艺术中的图案形象(莲花、瑞鸟等),带有明显的宗教色彩。

(一)发饰

1.冠饰

魏晋南北朝时期的冠饰形式多样,多以金质为主,装饰感极强(图1-51)。

图1-51 金冠饰
(辽宁北票北燕冯素弗墓出土)

2.簪钗

当时金银簪钗很流行,式样众多。动荡的魏晋时期,人们还把簪首做成各种兵器的造型,认为它有辟邪的作用。到了南北朝时期,传统凤簪仍十分流行,簪头上是凤鸟的造型,凤鸟的凤尾多做成翻卷上翘的样子,因此凤簪又称为"凤翘"(图1-52)。

图 1-52　金雁钗
（辽宁北票喇嘛洞三燕文化墓地出土）

考古发现，当时发髻样式又高又大，因此妇女除了使用普通的簪钗之外，还流行使用一种专供支撑假发的钗子，此钗多呈"U"字形，并有长钗、短钗之分。另外，在此时期出现了一种耳挖簪，是一种兼带挖耳勺的簪。

3. 步摇

晋代的步摇又称"珠松"，或称为"慕容"。这一时期的步摇，在中原和北方民族，特别是鲜卑族十分流行。史料记载鲜卑慕容部落领袖因喜爱戴步摇冠，被诸部落称为"步摇"，因而步摇得名"慕容"。鲜卑男女都喜爱戴步摇冠，在晋代鲜卑部建立的三燕时期，步摇装饰十分普遍。当时步摇冠上的步摇多是用黄金制作而成的，整体形似树的造型，花、枝、叶等小饰件均用黄金制成（图 1-53）。

4. 拨

拨的实用性大于装饰性，主要用于梳发和插发，它是魏晋南北朝妇女们在梳理头发时经常使用的一件工具。人们常将拨安插在发髻中，起到固发作用。

妇女们在盘发时要用到拨。拨是由木头制成的，其形如枣核，两头尖尖、中间粗，又称"鬓枣"。尖的地方大约有两寸长（1 寸＝3.33cm），涂漆后可现光

图 1-53　南北朝时期牛头鹿首金步摇
（内蒙古自治区乌兰察布达茂旗出土）

泽感，女子们梳头盘发时，就用鬓枣挑转鬓发使之蓬松从而形成"万字髻"，形状犹如"蝉髻"。

5. 插梳

在魏晋时期，人们似乎格外重视梳篦装饰。当时主要有金梳、象牙梳、玉梳等。有文献记载，插梳风气始于魏晋时期，当时女子头戴"十"字形或蝶状发冠，前面的额发由中间整齐

地梳向两端,两侧鬓发垂于耳际,在脑后的发髻中由下往上插着小梳。这种发饰在一些墓葬的壁画中也出现过,应是当时较为流行的头饰。

6. 花钿

钿是用金银珠翠和宝石等做成的花朵形饰品,所以也称为"花钿"。这一时期的妇女酷爱花形饰物,因此花钿在魏晋南北朝时使用得极为普遍。另外,金花钿很流行(图1-54),大致有两种样式:一种是在金花的背面装有钗梁,使用时可以直接插在头发上作为装饰;另一种是金花钿的背后没有钗梁,而在花蕊部分留有小孔,用时才以簪钗固定在发髻上。直至唐朝,这种花钿的种类更多,使用也更普遍。

图1-54 金花钿
(镇江市畜牧场东晋隆安二年墓出土)

7. 簪插鲜花

在首饰产生之前,鲜花是最早出现的饰品。无需工匠制作,千姿百态的鲜花可任人挑选。

(二)耳饰

魏晋南北朝时期,中原地区的汉族穿耳之风日渐衰落,很少见到贵族妇女穿耳并佩戴耳饰,这个推论从当时的绘画、雕塑和考古发掘中可以证明。但在西南和北方的少数民族地区,男女皆佩戴耳饰,特别是以鲜卑族为代表的北方民族更喜爱佩戴耳饰(图1-55)。

(三)项饰

受佛教的影响,魏晋南北朝时期,璎珞进入人们的日常生活中。从文献中来看,最早佩戴璎珞的是一些少数民族居民。在北部鲜卑族,无论

图1-55 龙形金耳饰
(山西大同北魏墓出土)

男女、贫富,人们都要或多或少在脖子上戴玛瑙珠,从几颗至十几颗甚至上百颗不等,数量依贫富而定。随着鲜卑民族的发展壮大,首饰的制作材料多为金、银,工艺也更加精细(图1-56、图1-57)。

图1-56 项饰
(山西大同御东恒安街北魏墓出土)

图1-57 金项饰
(宁夏固原县寨科乡李岔村北魏墓出土,
现藏于宁夏固原博物馆)

事实上,当时的绘画与雕塑中常看到的图案是:男女皆着素衣素服,飘逸如仙。除妇女发髻上有些饰物外,其他的项饰以及手臂上的装饰都十分少见,当时人们普遍崇尚清高、雅致,直至唐朝,佩戴璎珞之风才逐渐盛行。

(四)指环

这段时期,由于政权更迭频繁,各民族之间的文化以及风俗习惯相互交融,佩戴戒指作为一种胡俗,逐渐被汉人所接受,开始从少数民族地区传入中原,并逐渐流行起来。

从材质上看,这一时期的戒指材质主要以金、银为主,还出现了在宝石上雕刻图案的金指环(图1-58)。其中,金指环不仅出土的数量极多,而且形制也较前朝更为多样。从形式上看,这一时期的金指环主要分为圆环形和镶嵌形两种。南方的金指环大多为素面,造型和制作工艺都较为简单;而镶嵌类指环,多出土于北方,不仅制作工艺十分复杂,而且造型更为丰富,除了镶嵌青金石、红蓝宝石、绿松石等各种宝石外,有的宝石上还雕刻了人物、动物等纹饰。从制作工艺上看,魏晋南北朝时期的金指环的制作工艺几乎涵盖了早期金银器制作的各种工艺,其中,最为复杂的要数掐丝镶嵌和金珠焊缀工艺。从佩戴方式上看,这一时期的指环虽然与身份、地位有关,但是并没有明显的等级区分,是一种男女皆可佩戴的饰品。

同时这一时期受西方文化的影响,出现了一枚镶金刚石金戒指,这是目前发现的中国历史上最早出现的一枚钻石戒指(图1-59)。

图1-58 北魏卧羊形金戒指
（现藏于大连旅顺博物馆）

图1-59 镶金刚石金戒指
（山东晋王氏家族墓地出土）

（五）佩饰

1. 蹀躞带

进入到南北朝时期以后中原地区带饰发生了重大变化，那种称为"鐍"，有活动扣舌的小带扣在腰带上广泛地应用，形状极为简单。腰带也变成前后一样宽，延续了将近千年之久的带钩逐渐成为历史。为了在腰上系挂各种东西，人们就在皮带上钉挂一个小环，再系一个皮条，用皮条把坠物绑紧，皮带上的坠物称为"蹀躞"，垂着蹀躞的革带称为"蹀躞带"（图1-60）。它与金缕带的区别体现在饰牌上，金缕带上的饰牌一般只用作装饰，而蹀躞带上的饰牌则具有实用性。

蹀躞带源于中国北方的少数民族地区，这些游牧民族居无定所，平时生活中的所有用具基本都是随身携带。大型的器物一般都被拴在马上，而小型的常用之物则被佩戴在腰间。这种蹀躞带受到汉人，尤其是一些武士的喜爱，不久也成为了贵族们的时髦装束。

图1-60 蹀躞带

2. 小铃铛饰件

目前考古人员还出土了相当多的魏晋时期的小铃铛饰件。一般一座墓会出现8～10只小铃铛饰件，有的在手腕处，有的在腰间，还有的作为脚踝部的脚铃。制作这些铃铛的材料有金、银、铜，其中以银铃最为多见，最基本的样式为圆球形，内置铃核，顶部有系钮，可以挂在身体的任何部位。贵族们时常佩戴这种精美的小饰物，走路时可发出清脆的响声。

小测试

1. 我国古代（　　　　）时期流行金银饰品。
2. 早在（　　　　）时期，犀簪就已经是名贵首饰了。
3. 拨主要用于（　　　　）和（　　　　　　），是魏晋南北朝时期妇女们在梳理头发时经常使用的一种工具。
4. 请简述花钿的概念。
5. 请简述金钿的两种样式。

八、隋唐五代时期

隋唐五代时期，尤其唐朝是封建社会发展最为鼎盛的时期，社会安定，生活富足。国力的昌盛、经济的繁荣使首饰的贸易十分兴盛，唐朝的大都市除了长安、洛阳两地外，以广州和扬州最为繁华。广州是南海地区中主要的对外贸易港口，大批的外国珍珠、宝石都由此进入我国。在长安、扬州等地除中国人开设的首饰店外，还有外国商人开设的珠宝店。在城市里手工业者成立了各种专业作坊，生产相似产品的作坊往往集中在同一条街道里，这种同行业的作坊集中被称为"行"，在当时的都城长安就有二百二十行。

在首饰行业中，工匠们无论是在设计上还是在材料运用上都达到了登峰造极的水平。首饰艺术摆脱了魏晋时期的"空""无"的宗教理想境界，重新回到了现实生活中来，设计内容开始面向自然与生活。工匠们设计首饰时除了多以团花为主题外，还流行设计庄重对称的结构。此类首饰纹饰花样繁密，形态丰满，具有很强的生命力。

从首饰佩戴上来看，初唐妇女喜着胡服，钗、梳等首饰用得较少，装饰较为朴素。盛唐至晚唐，贵族们崇尚各种外来奢侈品的风气从宫中流传至民间。五代继承了晚唐的遗风，只是愈加繁复，如西北地区贵妇的盛装为：挽高髻，插花钗、花树、大梳子，面妆中贴鸳鸯花钿，戴项链（图1-61、图1-62）。

图1-61　敦煌莫高窟第61窟五代女供养人

图1-62　敦煌莫高窟第130窟盛唐女供养人

(一)冠饰

在隋唐五代时期的敦煌壁画中,常能看到妇女们头上饰以花样繁多的凤鸟画面。不论是王后、贵妇还是公主,她们的头顶都戴着一只精致欲飞的凤鸟式样冠饰,旁边又插戴着各式簪钗,可见当时妇女对凤凰的喜爱(图1-63)。凤冠除了具有极强的装饰作用外,还具有吉祥、长寿和富贵的寓意。到了后来,凤冠成为新娘出嫁时娘家的陪嫁饰物,一生之中可戴一次。

宋朝时,我国正式将凤冠确定为一种礼冠,并纳入冠服制度中。明清时,帝王的龙凤冠集珠宝之大成,发展到了极致。

这段时期除了凤冠以外,还出现了其他形式的冠饰。

图1-63　金冠

(隋萧皇后凤冠复原品,扬州博物馆展览作品)

(二)发饰

1. 义髻

唐朝妇女的假髻称为"义髻"。出土的泥俑呈现头戴义髻的模样,髻上还描绘着精致的花纹。

2. 发簪

这一时期的发簪材料主要有玉、金、银、竹、骨、角(多指犀牛角)、象牙、玳瑁等,传说中的"玉搔头"(玉簪)在唐朝仍被妇女们所喜爱。

(1)拨形簪(图1-64)。这是一种装饰性很强的发簪,是仿照弹奏乐器的工具拨制成的。它的形状像扇子,簪首造型复杂。工匠们开始在簪的顶部雕镂装饰品,有花朵状、龙凤形等,后来发展到以树木、山水甚至人物形象为主题来雕镂装饰品。为了能够承受沉重的簪首,簪体也被逐渐加长。

(2)翠羽簪。翠羽簪是指运用"点翠工艺"制成的发簪。由于这种发簪的色彩极为艳丽且做工精美,因而到了明清时期更加流行。

3. 发钗

隋唐五代时期高髻盛行,发钗比簪更具有实用性和装饰性。由于唐朝妇女的发髻式样种类极多,因此需要各种形式的发钗用于固发与支撑。当时发钗形式多样,有造型简单但实用性很强的素钗,类似早期的"U"形钗,主要起到固发作用(图1-65);还有造型复杂、装饰感强的花钗等,钗首上的装饰图案多为花朵和飞禽走兽,内容丰富(图1-66)。

图1-64 拨形簪
（河南洛阳龙康小区唐墓出土，现存于河南博物院）

图1-65 唐朝"U"形金钗（现藏于陕西历史博物馆）

图1-66 唐朝双凤纹鎏金银对钗

这一时期常见的插钗法有横钗法、由下朝上反插的倒插法。有的人将钗插在发前正中，还有的人满头插簪钗。发钗安插的数量也视发髻的高低而定，高则多，反之则少。另外，通常对称插装饰感强的花钗，一左一右，正好成对。

当时除金钗（图1-67）之外，银钗更为多见，还有翡翠钗、玳瑁钗、象牙钗以及镶有琥珀的发钗等。这些贵重的发钗多为贵妇所拥有，民间女子则多用琉璃钗。

唐朝初期的法令规定，民间婚嫁不许用金银首饰，只能用以琉璃为材料制作的钗。同时，也因当时的佛教兴盛，朝廷特别还颁布了一项法令：在主持全国陶瓷生产的部门下设立一个专门烧制琉璃珠子的冶局，以供天下庙宇装饰佛像所用，因此有"天下尽琉璃"的民谣传唱。

4. 步摇

隋唐五代时期步摇使用极为普遍，从式样和插戴的方式来看，大概可分为三种。

(1) 将单支的步摇斜插于发髻之前。这种步摇形式多样，以凤鸟口衔珠串的形式较为多见（图1-68）。

(2) 步摇是成对出现的，左右对称地插在发髻或冠上，一般以金玉制成鸟或凤凰、荷花等形状。制作者在凤鸟口中，挂衔着珠串，随着人的走动，珠串也跟着摇颤（图1-69）。

(3) 将步摇插在额前的发髻正中。这类步摇一般用金、银丝制成，梁多为钗，有时候还被做成步摇冠。

图1-67　闹蛾金钗
（陕西西安隋李静训墓出土）

图1-68　金丝镶玉步摇
（安徽合肥西郊五代墓出土）

图1-69　妇人头戴
翔凤衔珠步摇
（懿德太子墓壁画）

5.花钿

花钿又叫作"花子""媚子"。流行于魏晋南北朝时期的花钿在唐朝、五代时期迎来了发展的高峰。当时的花钿形式多样且制作十分精美，有金钿、嵌着宝石或直接用宝石制成的宝钿、用螺壳做成的螺钿、用琉璃制成的琉璃质宝钿。当时贵族妇女着盛装时，在发髻上会以团花的形式插满金玉花钿。从现存的花钿来看，当时的每件花钿都展现出造型完美的图案（图1-70、图1-71）。

图1-70　花钿
（唐代贺若氏墓出土）

图1-71　《捣练图》（局部）佩戴花钿的女子

6. 插梳篦

中唐至五代时期,妇女发间插梳的发饰流行起来。这一时期的妇女不仅插梳,而且插篦。梳篦的制作方法颇为讲究,制作材料也很丰富。梳篦的插戴方法很多,有插几把小梳或插满头小梳的,也有与其他的簪钗、鲜花等同时使用的(图1-72)。

这一时期的人们延续了魏晋以来的梳篦的基本形制,丰富了梳篦的制作材质种类,进一步强化了梳背部分的装饰作用。其质料和装饰也因用途而有所区别:用来梳发的梳篦大多用牛角、象牙或玉制成,造型比较简单,纹饰也很少;用于插发的梳篦通常用金、银、铜片、木、骨等制成,装饰也较为复杂,常见很精致的花纹(图1-73)。

7. 簪花

妇女对鲜花的喜爱不亚于其他珠宝簪钗,鲜花是所有妇女可佩戴的饰物,并无阶层限制之说。鲜花除了可供插花之外,还可用于制作花冠,以供妇女佩戴。唐朝的花冠多用罗锦制成,如同一顶帽子套在头上直至发际,人们还在上面插饰各种花卉(图1-74)。

图1-72 敦煌莫高窟壁画副本

图1-73 唐朝鎏金双鸟花卉纹银梳

图1-74 唐朝周昉绘制的《簪花仕女图》中的局部图

(三)耳饰

这一时期的耳饰量虽少但很精美,唐朝中原地区的人们不崇尚穿耳,无论是贵妇还是平民一般都不穿耳。尽管如此,女仆、歌伎、舞女或者外来女子等佩戴耳饰的现象偶有出现。在出土文物中,考古人员不仅发现了穿了耳孔的陶俑,还发现了运用不同的金属工艺制作的、镶有各种宝石的精美耳饰(图1-75、图1-76)。

图1-75 唐朝纯金炸珠嵌松石耳环

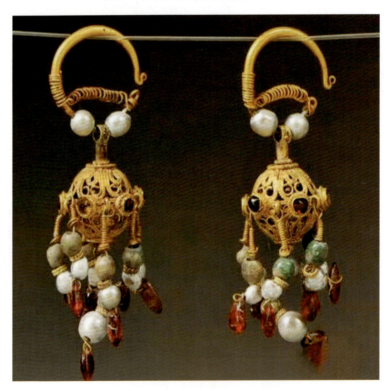

图1-76 唐朝嵌宝石金耳坠
(陕西咸阳底张湾贺若氏墓出土)

(四)项饰

晚唐至五代时期,无论是贵妇还是仕女都佩戴项链,特别是着盛装的贵族妇女,每个人都会佩戴各种项饰,项饰数量达五六条之多,华丽且繁复,具有异域风情。

与以前不同的是,无论是从材料还是款式上来看,当时的项链在很大程度上受到外来因素的影响,许多佛教元素皆运用在项饰制作过程中,带有浓厚的异域风情。例如:隋朝光禄大夫李敏之女李静训墓中的一条嵌珠宝的金项链(图1-77)。

唐朝时期,流行佩戴一种叫作"瑟瑟珠"的项饰,这是从域外进口的一种较贵重的天青石。"瑟瑟"这个词用来指各种深蓝色的宝石。在唐朝,天青石是很贵重的赠品。这一时期的天青石,大多都是在当时的于阗(今新疆维吾尔自治区和田县)买到的,那里不仅盛产玉石,也是当时的宝石贸易中心。在之后的几个世纪中天青石一直深受皇室贵族的喜爱。

隋唐五代时期的妇女除了佩戴各种项饰之外,还喜欢佩戴华丽的璎珞。延续魏晋南北朝时期华丽风格的璎珞装饰,深受皇室宫廷妇女的喜爱(图1-78)。

图1-77 嵌宝石金项链

图1-78 身佩璎珞的菩萨

(五)臂饰和手饰

隋唐五代时期妇女腕上的饰物被称为"臂钏",其形式多样,在制作工艺上更加精巧(图1-79、图1-80)。

这个时期的饰品多以簪钗、步摇等华美艳丽的头饰和项饰为主,而在唐朝的史籍以及出土的文物中,指环出现的频率并不高,即使是在唐墓壁画和传世的绘画中,也很少能够看见佩戴的指环。由图1-81可知,这一时期的人们并无在手上佩戴指环的习惯。

虽然,汉人很少将指环佩戴在手上,但指环作为珍宝或者信物的一种,常被佩戴在身体其他部位上。

图1-79　金镶白玉钏
（陕西西安何家村唐代窖藏出土）

图1-80　唐朝鸿雁纹鎏金银腕钏

图 1-81 《弈棋仕女图》
（新疆吐鲁番阿斯塔那古墓出土）

（六）腰饰

1. 金玉带

隋唐五代时期，中原地区的人们常用金、犀角、银、铜、铁以及各种宝石等装饰金玉带。唐朝贵族最重视的是玉带銙。其大致的形式是由若干块方形小玉片（有一点厚度）组成（将玉片镶钉在革带上），以素面无纹的玉带銙居多（图 1-82）。唐朝有严格的玉带佩戴制度，三品以上的官员才能佩有十三銙的金玉带。

2. 蹀躞带

唐朝的蹀躞带（图 1-83）是男子常服中的必备之物。不过在隋朝与初唐的革带上所系的蹀躞较多，盛唐以后逐渐减少。中晚唐时期，许多革带上已不系蹀躞。

3. 香囊（香球）

唐朝的人们喜欢在腰间佩戴香囊（图 1-84）或金属制香球。香球与香囊的不同之处是：香囊多为由丝织物制成的小袋子，而香球制作材料则以银质为多，香球遍体镂空，并饰有十分精致的花纹。人们常将香囊、香球挂在身边，既可用来熏衣，又可当作佩饰。后世香球逐渐被香囊取代。香球由两个半球组成，上半部的顶部装有一个鼻钮，并缀以链条和小钩用来佩挂。球的内部装有两个同心圆环,环上缀有活轴,大环的活轴上装有一个半球状的小盂。这样做的目的是将香料放在小盂之中,即使挂在身上也可以使它点燃熏香。因为小盂是装在两个活轴上的,所以球的重心在下,无论球怎样翻转,两个环形活轴都会随之转动,使小盂始终保持水平的状态,内装的香料也不会将衣服点燃。这种平衡装置的结构十分科学,直至今日航空航海中使用的陀螺,仍是运用这种原理制作的。

图1-82　唐朝玉带銙
（现藏于陕西历史博物馆）

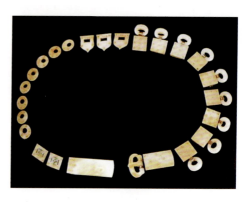

图1-83　蹀躞带
（陕西西安何家村唐代窖藏出土）

图1-84　鎏金银香囊
（陕西省扶风县法门寺塔基与地宫出土,现藏于中国国家博物馆）

4. 玉佩饰

佩玉之风在唐朝又开始盛行。官员按品级的不同佩戴不同质地和不同组合的玉佩,贵族妇女与舞女也常佩玉。当时比较有名的玉佩是一种制作精良的"飞天佩"。

小测试

1. 唐朝的妇女称"假髻"为（　　　　）。
2. 隋唐五代时期高髻盛行,发钗因而比簪更具有（　　　　）性和（　　　　）性。
3. 这一时期常见的插钗法有（　　　　）法、（　　　　）法。
4. 插梳风俗虽然起源很早,但它的兴盛却是从（　　　　）时期开始。
5. "瑟瑟珠"是从域外进口的一种贵重的（　　　　）。
6. 请简述这一时期发簪的主要类型。
7. 请简述这一时期发钗的主要类型。

九、宋朝

宋朝是我国历史上上承五代十国下启元朝的朝代,历时三百多年,分为南宋和北宋两个阶段。北宋与南宋代表着中原与长江以南的汉族,与此同时,另有契丹建立的辽、女真族建立的金和党项族建立的西夏。北宋都城汴梁(东京)(今河南省开封市)繁华的商业氛围催生了一批文人墨客创作的书画作品。在首饰贸易中,东京有专门的"金银铺""穿珠行",还有以个人名义开设的首饰店。而在南宋都城临安,珠宝市场也很活跃,"七宝社"就是当时著名的珠宝店铺之一。宋朝的江阴与广州还是对外贸易的重要通商港口,而在唐朝最为繁盛的扬州的商贸行业由盛转衰。由于海上运输便捷、货运量大,因此陆路运输业务量骤减,曾是对外交往重要通道的丝绸之路,此时也由盛转衰。

宋朝的人们追求朴实无华、平淡自然的生活,反对矫揉造作的繁缛富丽风习。从考古文物的对比中可知,宋朝首饰不如唐朝丰富,主要以钗、梳为主,大多追求简朴和实用,宋朝妇女的整体装扮给人一种清雅、自然的感觉。这一时期金银饰品开始由贵族阶层走入民间社会,除了金、银、玉之外,珍珠与犀牛角在这个时期非常受重视。宋朝的金银发簪、发钗、耳环、手镯、臂钏等奇巧别致,展现了宋朝高超的金银细工制作技艺。工匠们较多运用锤锻、切削、錾刻、抛光、镂雕、焊接等技法。

(一)冠饰

宋朝的冠饰种类极为丰富,尤以女子冠饰最多(图1-85、图1-86)。从中唐起女子就喜欢在头上戴各种各样的冠,到了宋朝,戴冠风气更加盛行,尤其是稍体面些的女子都要戴上一顶冠才能出门。

1. 团冠

团冠是宋朝年轻女子十分喜爱的头冠,它最初的制作方法是用竹篾编成圆团形,涂上绿色,因其形状如团而得名。在北宋中期,皇后、嫔妃就常戴一种"白角团冠",其中的白角是指一种犀牛角,唐宋时期犀牛角需求量非常大。

《新唐书》中记载:当时湖南生活着很多犀牛,尽管这里的犀牛每年都要作为贡品送往朝廷,仍旧不能满足需求,唐朝还要从外国进口,离得近的进口国是南诏和安南,离得远的进口国是印度。到了宋朝,人们开始认为非洲的犀牛比亚洲的更好,因此宋朝后期直至明清时期,大多数犀牛角都来自非洲。中南半岛所产的犀牛角为"白犀"。这种用犀牛角制作的工艺品在当时是相当珍贵的。

图1-85 白沙宋墓壁画

图1-86 金莲花冠
（《王蜀宫妓图》局部）

2. 亸肩冠

亸肩冠是北宋中后期上至皇宫贵妇下至民间的年轻妇女都推崇的一种冠饰。亸即下垂的意思。亸肩冠的形制是：在团冠的基础上，四周冠饰下垂至肩，在冠上用金银珠翠点缀。

北宋中期皇后画像中头上所戴的华丽的"龙凤花钗冠"十分引人注目，冠饰多用金银镶嵌各种珠宝制成（图1-87）。在《宋仁宗皇后像》中，她的"龙凤花钗冠"的两边还各插有三支帽翅，这也是一种相当华丽的"亸肩冠"样式（图1-88）。

图1-87 《宋高宗吴皇后像》
（现存于台北故宫博物院）

图1-88 《宋仁宗皇后像》
（现存于台北故宫博物院）

3. 冠梳

唐朝时插梳已经十分流行,到了宋朝插梳变得更加盛行。只是这时期插梳的形状越来越大,但插在头上的数量逐渐减少(图1-89、图1-90)。此外,当时还流行插戴一种金帘梳,梳背弯拱的外缘系坠金花珠网(图1-91)。

图1-89　金镶玉凤穿花纹嵌宝石梳子

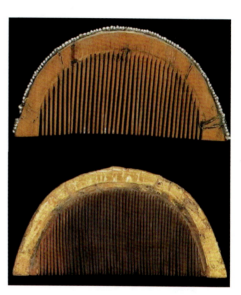

图1-90　半月形梳子

图1-91　金帘梳
(湖南临湘陆城宋墓出土,现藏于湖南省博物馆)

当时最为独特的装饰品就是冠梳。冠梳是宋朝妇女的一种头饰,由漆纱、金银、珠宝等制成,其冠甚高,两侧垂有舌状饰物,流行于北宋中期至南宋。那时人们认为头戴高冠、再插大梳是最时髦的装束。

4.花冠

古老悠久的插花（簪花）风俗到了宋朝发展到了极致，当时不仅年轻的女子插戴花冠，男子、儿童也如此，就连白发老人也要在头上"簪红花"。每个季节都有应季的"花朵饰品"和"首饰花朵"售卖（图1-92）。

图1-92 簪戴鲜花的男子与女子

当时人们除了戴簪花外，也同样戴花冠。宋朝花冠的形式多样，有些人在冠上直接簪鲜花，有些人用罗帛丝质加蜡仿照真花做成花冠。宋人十分喜爱用牡丹、芍药等花制成的花冠，这些花冠被称为"重楼子"。唐朝因受到佛教的影响，人们流行佩戴"莲花冠"，宋朝人们延续了佩戴"莲花冠"的习惯，不论是观中女道士、富贵女子，还是伎乐舞女皆是如此（图1-93）。

簪花不仅仅是一种潮流，更是一种普遍的民俗，宋人对簪花的喜爱之情自上而下地渗透到社会的各个角落，从"宫廷礼制簪花""官宦雅集簪花"到"饮酒娱吟簪花""良辰佳节簪花"再到"三教九流簪花"一应俱全。那时簪鲜花还讲究时序季节，有文献记载，在端午节人人都插戴菖蒲、石榴花、蜀葵花、栀子花等；夏季以茉莉为盛；到了立秋时节，

图1-93 戴花冠的女官

人们将楸叶剪成花样戴在鬓边；重九之时（重阳节），人们头插秋菊；冬日元夕，妇女们又当戴闹蛾、玉梅、雪柳、菩提叶等。除妇女外，男子簪花的民俗更是盛况空前。在当时，美丽的应季鲜花与大臣的奖惩有关，朝廷按一定的奖惩制度将鲜花枝赏赐给大臣，并一度成为官阶品级的象征。遇到节日或盛典时，帝后群臣皆戴花枝。

(二)发饰

1. 簪钗

在宋代,妇女整个头顶的饰品统称"头面",而专门经营这类首饰的商铺叫作"头面铺"。到了元朝,头面仍在流行,并且还包括了手上的饰物,并不只局限于头部的首饰。直至今天的传统戏曲中头面仍是旦行角色头上装饰物的总称,它包括头髻、发辫、珠花、耳饰、簪钗等一整套用品。

宋朝妇女的簪钗种类极其丰富,宋朝的统治者规定,只有命妇才能以金、珍珠为首饰。而民间妇女的首饰材料只能是银、玉、琉璃等,这与唐朝的规定几乎相同。当时,龙凤簪钗一直都是妇女们喜爱的簪饰,上至皇后、嫔妃,下至富庶人家的女子都可以插戴,只是材料不同而已。除了龙凤簪钗之外,当时还有以瓜、果、叶、花等植物题材为元素制作的簪钗以及各种形式的金步摇等(图1-94～图1-96)。

图1-94 金花筒簪
(江阴山观窖藏出土,现藏于江阴博物馆)

图1-95 金藕莲花簪
(江阴山观窖藏出土,现藏于江阴博物馆)

图1-96 金凤步摇
(现藏于南宋官窑博物馆)

除此之外,当时还非常流行折股钗(簪身对折、簪脚成对)、桥梁簪钗、花头簪钗、叶形簪、锥形簪钗等(图1-97～图1-99)。同时还有一种双首至多首形簪钗,在以往的簪饰中很少见到,但在宋朝十分常见。这种特别的簪钗的簪首上一般有一条横枝,横枝上嵌有两颗或多颗式样相同的镂空饰件,看上去十分华丽。

宋朝还出现了兼具挖耳功能的耳挖簪,宋人叫它"一丈青",俗称"耳挖簪"。

2. 花子

唐朝的花钿(图1-100)传到宋朝时被称作"花子"。宋朝的花子通常是指在额上和两颊间贴上用金帛或彩纸剪成的纹样。花子的背面涂有产于辽水地区的呵胶,用口呵嘘便可以随意粘贴(图1-101)。

图1-97　七股桥梁式花卉纹金簪
（现藏于观复博物馆）

图1-98　五花头凤鸟纹金桥梁簪
（现藏于江阴博物馆）

图1-99　金竹叶桥梁钗
（浙江东阳金交椅山出土）

图1-100 嵌宝石金丝编花钿　　图1-101 《浣月图》中对镜贴花子的女子

3. 银牌与玉葱葱

实惠的银簪在宋朝得到普及,其中有一种银簪造型简洁,不仅用来插发,还可充当筷子和测试食物是否有毒,通常被称为"银牌"。

宋朝允许平民佩戴玉簪,因此玉簪的样式和玉质的种类也更加多样。除了名贵的白玉簪、艳丽的红玉簪、温润的青玉簪外,还有清爽葱翠的碧玉簪。在诗人的笔下,碧玉簪被形象地称为"玉葱葱"。

由于金、银、玉等多为贵族所有,因而平民常用琉璃来仿造玉饰。同时,因琉璃色彩艳丽,人们还常把它当作宝石镶嵌在首饰中(图1-102)。

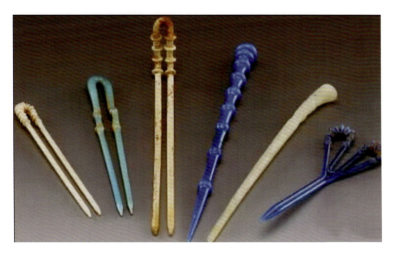

图1-102 琉璃竹节簪钗

4. 胜

在宋代,胜这种古老的饰物仍是人们喜爱的首饰,人们常在春节期间佩戴。在重大节日里,皇帝还要赏赐给群臣贵重的金银幡胜,并让他们戴在头上。制作胜的材料种类繁多,一般有金片、银片、玉片、宝石、丝织品等,如金胜、银胜、玉胜、宝胜、罗胜、织胜等。在传统的正月初七的人日节,胜更是当天最具有特色的饰品,人们在此日要剪彩娟人像,并将它贴在屏风上或戴在发髻上,以表达进入新年后形貌一心的美好愿望。

5. 围髻

宋朝女子还有一种漂亮的头饰叫作"围髻"。从它的名称就可以知道,这是围在发髻底部的一种首饰,在南宋时期比较流行。它的式样多为弧形的镂空装饰带,下坠着一条条密密麻麻编连在一起的排花。此种头饰在明朝十分流行(图1-103)

图1-103 唐寅绘制的《仿韩熙载夜宴图》的局部图

(三)耳饰

与隋唐时期不同,宋朝妇女穿耳之风空前盛行,就连皇后、嫔妃也不例外,耳饰形式多样,大致可分为耳钉、耳环和耳坠。这段时期耳饰的设计灵感大多来源于花鸟、虫草、蔬果等自然形态装饰元素,其中最值得一提的是,以花蝶为题材、用累丝镶嵌的方法制作的金银耳饰,精美而轻盈(图1-104)。

在宋朝宫廷耳饰中,皇后和身边的头戴花冠的侍女的耳朵上都会佩戴珍珠耳饰,贴耳的地方还戴有其他装饰,但皇后的珠子数量要比侍女的多,以贴珠的多寡来定尊卑(图1-105)。

图1-104 盆莲小景儿金耳环
(湖北蕲春罗州城窖藏出土)

图1-105 《宋钦宗皇后像》

(四)项饰

1.念珠

念珠也称"佛珠"或"数珠",是梵语"钵塞莫"的意译,即佛教诵经时用来计数的一种串珠。佛教认为,一个人若能把经文反复诵念千万遍,就可以避免一切的灾难,并能消除由这些灾难带来的许多烦恼。念珠一般由香木制成,也有用其他材质制成的。各个宗派珠子的数量都不同,有14颗、27颗、54颗或108颗。因宋朝佛教盛行,在这一时期,念珠已不是僧人所独有的物品,所有信奉佛教的人都持有念珠,特别是妇女们在颈部佩挂念珠成为一种极为时髦的装束(图1-106)。

图1-106 水晶念珠
(南京长干寺地宫出土)

2.其他项饰

宋朝妇女喜欢戴不同形式的珠串、金属项链、项圈。除此之外,她们还在胸前佩戴玉雕童子,这种项饰大多都是手拿莲花的童子形象挂坠(图1-107、图1-108)。

图1-107 金项饰
(现藏于广东省博物馆)

图1-108 手举莲花童子雕件
(现藏于故宫博物院)

（五）腰饰

1. 金銙

宋朝崇尚金质腰带，这一点与唐朝有所不同，宋朝官员的腰间带饰，特别是金銙上十分注重装饰纹样（图1-109）。当时，由于金带备受推崇，玉带则相应地减少，但玉带等级仍然很高。除此以外，宋朝还特别推崇"犀角带"，其中以"通天犀带"为最上品。

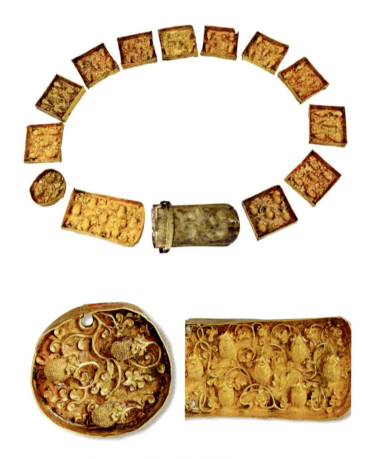

图 1-109　金銙
（现藏于重庆中国三峡博物馆）

2. 玉佩饰

宋朝仍然崇尚佩玉，但形式较为简单，并以环绶为主。当时的妇女很喜欢使用腰带（"香罗带"）。它是以两种颜色的彩丝相交编结而成的合欢带，深受年轻妇女们的喜爱。她们常将合欢带佩戴于裙边，寓意男女恩爱、情意绵绵。而用窄丝绦系结玉环的丝结带子，被称为"玉环带"或"玉环绶"。这类玉环绶除了具有装饰作用外，还有一种压裙功能，即用这种玉佩饰压住裙幅，在走路或活动时衣裙不至于随风飘舞而影响雅观。这种结环加玉佩的佩戴方式沿用至明清时期（图1-110）。

3. 霞帔坠

霞帔是源于唐代帔帛的一种新型服饰,形状狭长,通常有两层,表面绣有纹样,佩戴时由领后绕至胸前,披落而下,下端则缝系金、玉制成的坠子,又称"帔坠"。宋代帔坠多金质,以滴珠式造型为主,帔坠纹饰题材多为四季花卉、龙牙蕙草、鸳鸯等(图1-111)。

图1-110 佩玉环绶的宫女
(山西太原晋祠圣母殿北宋彩塑)

图1-111 鸾凤穿花金帔坠
(南京市幕府山宋墓出土)

(六) 其他首饰

1. 臂饰

跳脱属臂饰的一种类型,即手镯,起源于汉朝,盛于隋唐并流行于宋朝。经历千年时代更迭,其外形变化不大,通常以金、银条制成。制作时,工匠会将金、银条绕制成螺旋状,少则三圈,多则五圈、八圈不等。贵族及平民均可佩戴跳脱。另外,钏是宋朝妇女十分喜爱的腕间饰物之一,又叫作"腕钏""手钏"等(图1-112)。

图1-112 金臂钏(现藏于苏州常熟博物馆)

2. 指环

随着历史长河滚滚向前,指环在宋朝渐渐流行起来。南宋时期,金指环与金钏、金帔坠还成为结婚聘礼中的三金。宋人喜欢在指环中镶嵌各种名贵宝石。

小测试

1. (　　　　)冠是北宋中后期上至皇宫下至民间中盛行的一种饰物。
2. 宋朝妇女头饰的总称为(　　　　)。
3. 宋朝将带有耳挖的发簪称为(　　　　)。
4. 这一时期的耳饰形式多样,大致可分为(　　　　)、(　　　　)和(　　　　)。
5. 跳脱起源于(　　　　),盛行于(　　　　)并流行于(　　　　)。
6. 请写出宋朝妇女的冠饰名称。

十、辽、金、西夏

(一)辽

辽、金、西夏与北宋同时存在,辽出现在北宋时期,是由中国古老的契丹族建立的政权,在中国历史上活跃了十个世纪之久。契丹人以游牧生活为主,以车马为家,辽与五代共始、和北宋共终,从辽太祖初建到天祚治国共历九帝,极盛时期为圣宗时期。契丹族在建国的百余年里,创造了独特的文明,既融合了唐宋文明,又影响了中原地区的文化,因此有着"一代风俗始自辽金"之说。

早期的契丹族是一个标准的奴隶制国家,社会生产力较为低下,从耶律阿保机统一契丹各部后,才逐渐大量地引进汉族文化,而耶律阿保机对汉文化的包容与推崇,推动了契丹部落的手工业大发展。随着契丹社会逐步向封建国家过渡,辽国的文化、艺术、手工业等诸多方面也达到了发展顶峰,辽人对于艺术品的认知与追求也有了新的高度。从出土文物来看,随身佩戴的珠玉饰品种类繁多、样式各异,并且辽人因自己独特的生活习惯和宗教信仰,制作出许多与众不同且具有鲜明契丹特色的饰物。

辽人尤其是契丹贵族,无论男女都喜爱佩戴饰品,且饰品种类丰富、样式各异,如发饰、耳饰、项饰、胸饰、手臂饰和腰饰等,造型精致讲究。这些饰品是契丹民族文化中的重要内容。

1. 冠饰

在辽朝凡身居高位的贵族男女,都要头戴冠饰,而且对冠饰的佩戴要求还十分严格。这直接体现了辽朝社会各阶层的等级之分。辽朝的冠饰通常由金、银、铜、玉、丝织等材质制作而成。冠帽的质地不同,其等级地位是不同的:金冠为皇帝、皇后专用,级别最高;鎏金银冠为皇室及上层贵族所专用;鎏金铜冠多为臣子以及一般皇亲贵族等所用。其中金银冠帽包括金冠、鎏金银冠、鎏金铜冠三类材质,多运用錾刻、镂雕等工艺制作(图1-113~图1-116)。

辽朝贵族女子同宋朝女子一样喜爱戴高冠,只是宋朝妇女无论尊卑皆可戴高冠,而在辽朝只有地位高贵的女子才可以戴。这种冠俗称"菩萨冠",特点是圈筒式,前檐顶尖呈"山"字形,冠上的纹饰也多为龙凤纹。而地纹则用卷草纹装饰,在上下围以花边,花边内并列着一排如意祥云纹。

图 1-113 鎏金银冠
（辽陈国公主墓出土）

图 1-114 镂空鎏金铜女冠
（赤峰市阿鲁科尔沁旗罕苏木吐古他拉辽墓出土）

图 1-115 鎏金高翅银冠
（辽陈国公主墓出土）

图 1-116 鎏金银冠
（现藏于首都博物馆）

2. 发饰

辽朝的贵族深受中原地区装饰风格的影响，也出现了很多具有汉族风格的发饰。考古人员在一些辽墓壁画中发现了类似宋朝发饰的簪钗、步摇、围髻、插梳、花钿等，十分漂亮，具有典型的契丹民族风格。辽朝最典型的头饰是金簪，有花朵形、花蝶形、花蕾形和龙凤形。契丹贵族女子满头簪钗的插戴方法也很特别，除了插在发髻上，还插戴在两鬓，看上去金光闪闪、华丽动人（图 1-117~图 1-119）。

另外，当时人们还发现了具有压发功能的扁簪，其正面及背面都被錾刻连枝花卉纹等，很像清代的扁簪，这也许就是清代扁方的雏形。

图 1-117 鎏金银凤钗（现藏于内蒙古赤峰市博物馆）

图 1-118 鎏金铜双凤纹梳

图 1-119 萧太后像

3. 耳饰

契丹族作为我国北方草原游牧民族，非常注重耳部装饰，男女都有戴耳环的习惯，在金银耳饰方面形成了自己的特色。当时的耳饰主要有两种形式。

（1）鱼龙形耳环，是当时辽朝包括后期的金朝、元朝的人们常佩戴的一种耳饰。它呈龙首鱼身，有人认为这种造型也许和黄道十二宫的摩羯星座有关，并将它称为摩羯鱼。摩羯也叫"摩伽罗"，意思是大鱼、鲸鱼，又称"鱼龙"，是传说中的一种瑞兽（图 1-120）。

图 1-120 摩羯金耳环
（现藏于内蒙古博物院）

(2)"U"形耳饰,式样非常独特,多用金片锤打或钣金焊接而成,造型虽然简单,但制作十分精美。

除了用金、银制作耳饰外,人们还用玉石、蜜蜡、绿松石、琥珀和玛瑙制作耳饰。由于契丹人崇拜太阳和火焰,因而红色和黄色非常受契丹人的喜欢,也在辽贵族间极为流行(图1-121)。

图1-121 嵌绿松石金耳环
(吐尔基山辽墓出土,现藏于内蒙古自治区文物考古研究所)

4.项饰

1)珠串饰

契丹人信奉佛教,辽朝民间传说佛面是金色的,所以有些妇女化妆时把脸涂成金色,也将此妆容称作佛妆。同时她们也喜欢佩戴一些与佛像相关的珠串,并时常用来装饰颈部。这些珠串使用水晶、蜜蜡、琥珀、玛瑙、金银、巴林石、彩石等材质制成,因身份不同而材质各异,制作工艺也不尽相同(图1-122、图1-123)。

图1-122 水晶串饰
(现存于内蒙古博物院)

图1-123 玛瑙串饰

2)璎珞

璎珞是契丹贵族非常喜爱的饰物。契丹在建立政权前,没有佩戴璎珞的习俗,大约在建立辽国以后,这一习俗才逐渐形成。当时并非只有女子佩戴璎珞,男子佩戴也十分常见。璎珞多以绿松石、琥珀、珊瑚、玛瑙等材料做成(图1-124、图1-125)。当时大部分璎珞多以在大块雕刻纹饰的蜜蜡间放置蜜蜡圆珠并穿制的方法制作而成,材质昂贵,雕工精美。有些璎珞正中的部位,分别间隔坠着"鸡心"形和"T"形两件坠饰,这种搭配形式为契丹人所特有,似有特殊的意义。

图1-124 玛瑙项饰
(现藏于沈阳文物考古研究所)

图1-125 琥珀璎珞串饰
(辽陈国公主墓出土)

辽朝贵族的饰物许多都是由珍贵的琥珀制成。琥珀的产地大部分集中在西域各国,当时极有可能是将它当作商品或贡品,直接或间接由西域各国输入契丹境内。

5. 腰饰

1) 蹀躞带

契丹族以游牧生活为主,他们习惯在腰带上佩挂弓、箭、刀等狩猎用具,以及日常所需的小刀、解结锥、针筒、磨石等。因此,蹀躞带在当时非常流行且必不可少(图1-126)。

图1-126 蹀躞带
(辽陈国公主墓出土)

此外，当时还流行佩戴护腰带，多为金制品（图1-127）。

图1-127　鎏金银莲花纹捍腰带
（凌源小喇嘛沟辽墓出土，现藏于凌源市博物馆）

2）玉佩饰

受中原文化影响，契丹人也有在腰间佩戴玉佩饰的习惯，其中流传下来的最有名的玉佩饰就是描绘北方游牧生活的"春水""秋山"玉雕饰，这与辽国政治管理制度"四时捺钵制"有关。"捺钵"是契丹语，原意为"帐篷"，是契丹国君主出行时的行宫。春水玉雕饰的基本图案是荷叶、莲花、水草及鸟禽等，而秋山玉雕饰则是以山林围猎的情景为题材。这类玉饰品雕琢精美，多用作带饰或作为玉佩挂在腰间（图1-128、图1-129）。

图1-128　玉佩饰
（辽陈国公主墓出土）

图1-129　春水玉雕饰

此外，辽朝玉匠善于提炼生活素材，喜欢将日常所见的动植物形象作为玉饰类作品的制作题材。

3）香囊与针筒

辽朝男女的腰间饰物主要有荷包、金盒、针筒等，制作非常精美（图1-130、图1-131）。

4）佩刀与刺鹅锥

佩刀这一民俗文化对于北方的游牧民族来说长盛不衰，刀对于契丹人来说更是日常生活及游猎时的必备工具。对于贵族们来说，刀不仅是实用品，同时还是富贵与权力的象征。另外，在辽陈国公主墓中，驸马腰际处的银蹀躞带右侧配有一件鎏金银鞘的玉柄银锥，此件银锥应是与刀配套的刺鹅锥。当时，上至皇帝大臣，下至侍御百姓皆可佩戴刺鹅锥（图1-132）。

图1-130　镂花金香囊　　　　图1-131　白玉鱼形盒　　　　图1-132　刺鹅锥
　　　　　　　　　　　　　　（辽陈国公主墓出土）　　　　（辽陈国公主墓出土）

6. 臂饰及手饰

辽朝妇女喜欢戴钏，这种钏大多以金、银模压成圆环形，呈开口状，中间稍宽。此类臂饰多为开口状兽首宽面錾刻类的手镯，极少见手链（图1-133）。

图1-133　飞鸟缠花金手镯

辽朝的金银戒指习俗延续了匈奴、鲜卑等北方少数民族的崇金尚银的习俗，男女皆佩戴戒指。虽然金银戒指出土数量不多，但仍可见鲜明的契丹风格。

（二）金

北宋末年，中国东北地区的女真族强盛起来，这个古老的民族一直生活在黑龙江流域和长白山一带。公元1115年，阿骨打正式称帝，建国号金，都城建在会宁（今黑龙江阿城），阿骨打即金太祖。金朝的版图，超过了同时期的大宋，尽管金朝存在时间长达一个多世纪，遗留下来的史料却很少。它继承了辽和北宋的文化，但其文化发展程度不及南宋。金朝在装饰方面的实物遗留得很少，早期统治者崇尚节俭，对男女首饰及各种装饰有详细的规定，但到了金朝中期，特别是宋宣宗南渡之后，社会风气开始由之前的节俭向奢靡转变。

1. 发饰

随着汉人与女真人生产生活的交集增多,受汉人的影响,女真人纷纷改穿汉人的衣冠,有些发饰也逐渐汉化。在陕西临潼出土的金朝凤钗,顶端制成口衔绶带的飞凤之形,宛如唐宋凤钗样式(图1-134)。

2. 耳饰

金朝不论男女都十分喜爱佩戴耳饰,这时的耳饰形式多样,如有在由镶嵌金丝编成的圆形底托内镶各种宝石的形式;也有鱼形饰物,即辽金时期典型的摩羯鱼形耳饰;还有一种富有装饰感的耳饰,该耳饰由前、后两个部分组成,前部分为装饰部分,后部分为曲柄形的弯钩,装饰部分为由金丝编成的形态各异的框架,框架上装有盛开的花朵或其他类型镶嵌物。这种类型的耳饰风格一直影响至元明时期(图1-135~图1-137)。

图1-134　金凤钗
(陕西临潼出土)

图1-135　金代耳环
(黑龙江省哈尔滨市新香坊金墓出土,现藏于黑龙江省博物馆)

图1-136　鸟玉耳饰
(黑龙江省哈尔滨市新香坊金墓出土,
现藏于黑龙江省博物馆)

图1-137　迦陵频伽耳坠
(巴林右旗巴彦尔灯苏木出土)

3. 项饰

金人的项饰种类并不多,基本上就是项链和项圈两类。项链多以玛瑙串珠的形式组成,造型古朴,具有浓厚的民族风格。当时的项圈仍保持宋辽时的形式,造型简洁,多被妇女、儿童佩戴(图1-138)。

4. 腰带

金人的腰带大多为革带,也有玉带和金带(图1-139)。宋元时期的人们有一种习惯,即在身前束腰的带上再加上一条带,外面的带具有一定的装饰作用,叫作"看带"或"义带",里面的带仍称为"束带",金人也沿用了这种风格。女真贵族继承了辽朝"四时捺钵制",常在玉制带具上表现"春水""秋山"等题材的内容(图1-140)。另外,蹀躞带与玉佩在金朝也盛行。

此外,金人腰部还佩挂一些串珠玉鞢和金佩铃等腰间饰物(图1-141)。

图1-138 铜项圈(黑龙江省哈尔滨市新香坊金墓出土,现藏于黑龙江省博物馆)

图1-139 金扣玉带
(吉林省扶余县金代墓出土)

图1-140 青玉鹘攫天鹅春水坠饰
(现藏于北京故宫博物院)

图1-141 金佩铃
(黑龙江省哈尔滨市新香坊金墓出土,现藏于黑龙江省博物馆)

(三)西夏

西夏是由中国古老的民族党项族建立的政权。党项族是古代羌族中的一支,以游牧生活为主。公元1038年,首领李元昊建立大夏,建都中兴府(现今宁夏银川),在宋朝史书中称为"西夏"。它先同北宋和辽,后与南宋和金,形成鼎足之势。虽然它与宋、辽、金相比,相对弱小,但却十分善于在其中周旋,利用其矛盾在夹缝中发展。西夏李元昊建国起,传十帝,经过近两百年后,国力衰落,终于在1227年被成吉思汗所灭,从此四分五裂,逐渐消失,因此它在中国历史上被称为一个神秘的王国。

西夏创造了别具特色的灿烂文明,建立了宏伟的城市,创立了独立的文字"西夏国书",但是西夏王朝及其文物典籍却被成吉思汗的铁骑践踏殆尽,如同金朝建立后大肆破坏辽墓一样。西夏被元朝灭亡以后,元人修宋、辽、金三国国史时,独不肯给西夏王朝修写同等的纪传体正史,导致西夏史料百存不一。几百年后,西夏京城故地城垣颓败,几无人烟。西夏王朝也渐渐被人遗忘,之后在西夏故地发现的大量珍贵文献也散存于他国。

1. 冠饰

西夏是以党项族为主体的多民族王国,在党项语中称大夏为"邦泥定",意思是"大白上国",即崇尚白色的国家。以游牧生活为主的党项族人早年披发蓬首,后来李元昊下秃头令,要求除贵族官僚外全国男子在三个月内剃光头发,从此剃发、穿耳戴环就成了党项人的标准形象。在敦煌壁画中我们可见西夏男女冠饰的大致样式。西夏男女皆爱戴冠,且所戴冠饰异常华美,这一点从出土的镶有宝石的金冠饰件可见一斑。西夏族的妇女形象与当时汉族女子十分相近,在甘肃敦煌莫高窟中可以看到头梳高髻,发髻上插有成双成对的簪钗、步摇等头饰的人物形象,庄重华美(图1-142)。

图1-142 西夏女子供养图
(甘肃敦煌莫高窟第409窟)

2. 耳饰

西夏人无论男女皆穿耳戴环,这些都可以在有关西夏的壁画中得以佐证。出土物中有一对精美的透雕人物金耳饰,每支耳饰上雕有三个人物,一人双手合掌坐在三朵金花之下,左右各站一侍女,花蕊之中均镶有宝石。这对耳饰反映了西夏人高超的制作技术,展现了极富民族特点的造型和独特构思(图1-143)。

3. 腰饰

在很久以前,西夏人就以各种金、铜饰牌来装饰腰带。早期的腰饰主要是作为腰间皮带扣的各种饰牌,到了后期西夏的腰间装饰沿用了辽、金等习俗,男子在腰间戴蹀躞带,并在上面悬挂各种饰物。

图1-143　嵌宝石伎乐纹金耳坠
（内蒙古临河区高油房出土）

小测试

1. 辽朝（　　　）冠为皇帝与皇后专用，级别最高；（　　　）冠为皇室及上层贵族所专用；（　　　）冠多为臣子以及一般皇宗贵族等所用。
2. 辽朝贵族妇女经常佩戴（　　　）冠。
3. 辽朝贵族的饰物大部分都是由珍贵的（　　　）制成。
4. 辽朝少女的腰间饰物主要有（　　　）、（　　　）、（　　　）等，制作非常精美。
5. 在辽朝贵族们的腰间，（　　　）不仅是装饰品，同时还成为富贵与（　　　）的象征。
6. 金人的腰带大多为（　　　）带，也有（　　　）带和（　　　）带。
7. 请简述辽朝耳饰的两种形式。
8. 请简述金朝耳饰的形式。

十一、元朝

公元13世纪初成吉思汗率领他的部落，依次征服了蒙古高原上的其他部落，并于1260年建立了大蒙古国。日趋强大的蒙古帝国，灭掉西夏，又联宋击金，灭掉了金国。公元1271年，南宋灭亡，忽必烈改国号为元，建立元朝。

蒙古贵族为了满足自身的物质和精神需求，将各地的能工巧匠以及俘虏来的欧洲、波斯、阿拉伯等地区的技艺人才组织起来，并在朝廷内将"作院"中的金玉匠人、总管下属的司局和工部诸色人匠以及总管府所属的银局、玛瑙玉局等加以联合，形成了规模庞大的官办珠宝首饰手工业队伍。

元朝的黄金宝石首饰异常丰富，他们把宝石称为"刺子"，又叫"回回石头"。宝石的来源除了购买，还有掠夺和纳贡。元大都（今北京）和杭州已成为当时中国金玉宝石生产贸易的两大中心。元朝贵族除了重视玉器之外，还极喜爱金银器等，掐丝珐琅、宝石镶嵌和镂空玉雕等制作工艺纯熟精湛。

(一)冠饰

1. 大沿帽

蒙古族平民男子一般都扎巾或幞头,而贵族男子则戴一种用藤篾做成的"瓦楞帽",俗称"大沿帽",形状有方形和圆形两种。冬天的时候,他们要戴暖帽;夏天就戴由竹篾等编制而成的斗笠,这种斗笠逐渐发展成贵族的帽饰,被称作"笠帽"。不论是瓦楞帽还是暖帽或笠帽,它们都有一个共同的特点:在帽顶正中装饰珠宝,其中金银宝石种类多样,多以玉饰为顶饰(图1-144、图1-145)。

除玉顶之外还有金顶,金顶的造型较为复杂,表现题材多为人物、动物及与佛教有关的内容(图1-146)。

图1-144 元文宗图帖睦尔画像

图1-146 元朝迦陵频伽纹金帽顶
(内蒙古乌兰察布化德县出土)

图1-145 镶宝石笠帽
(甘肃漳县汪世显家族墓地出土)

2. 姑姑帽

姑姑帽是蒙古族贵妇特有的一种礼冠。"姑姑"一词来自蒙古族语,译成汉语"罟罟"

或"箍箍"。这种冠以木、栎树皮、各种珠子、铁丝为帽骨,用红绢、金帛包裹帽骨,顶上用四五尺(1尺=33.33cm)长的柳条或银打制成枝,包上青毡并用各种珠翠宝石或各种羽毛等装饰(图1-147)。

图1-147 戴姑姑帽的元代皇后

图1-148 金桥梁式花筒钗
(湖南临沣新合元代金银器窖藏)

图1-149 金螭虎钗
(湖南临沣新合元代金银器窖藏)

(二)发饰

元朝金银发饰的类型与样式由两宋继承而来,即竹节簪钗、花筒以及并连式簪钗、桥梁式花头簪钗等。元朝金银簪钗的纹样设计多从宋朝绘画中的写生小品取意,题材丰富,有凤簪钗、螭虎钗、荔枝钗、瓜头簪、满池娇荷叶簪等。这些发饰轻薄精巧,纹样新颖,与宋朝相比,元朝工艺技法更加精湛,且常把纹饰分别打制成一个个单独的小件,使图案更具有浮雕的效果(图1-148、图1-149)。另外,元朝步摇似乎不多见,其样式依然延续传统的样式风格,即花树、草虫、飞鸟等。

簪,元代又称作"釽"。釽原指一种较宽较薄的箭镞,与簪脚的样子很相似。瓜是指甘瓜、果瓜,亦即甜瓜,虽然在辽墓壁画里已经出现了放在果盘赏的西瓜,但是它只是对生活场景的一种描绘。两宋祝寿风气大兴,金银酒器因取瓜为劝杯造型,以寓瓜瓞绵绵之意。将金银簪子做成瓜头簪的潮流,乃流行于元朝,延续至明朝,其构图似乎受绘画的影响颇大。

值得一提的是在唐宋时期所流行的插梳装束,在元朝逐渐消失,梳子只作为理发用具被搁置于桌上或盒中。唐宋时期所盛行的各种发饰在元朝很少见到,似乎一下子都已成为历史。

(三)耳饰

元朝男女都有穿耳戴环的习惯。这一时期出土的耳饰非常丰富,制作讲究,材料也多以金镶各种宝玉石为主,题材多取自然形态元素,例如以各种植物、花卉为题材制作的耳饰层出不穷。元朝有一种与金朝耳饰呈相似式样的耳饰,即前面为装饰部分,后面为弯钩,人们常用玛瑙、白玉、绿松石等将前面的部分雕琢成各种纹饰(图1-150~图1-152)。另外,还有一种垂珠耳饰,后来成为明清时期的主要样式。

图1-150　金镶绿松石三叶耳环
(现藏于观复博物馆)

图1-151　嵌玉金耳坠
(甘肃漳县徐家坪汪氏家族墓地出土,现藏于甘肃省博物馆)

图1-152　嵌绿松石金耳坠

(四)项饰

元朝妇女沿袭了宋朝项饰佩戴风格,常常佩戴念珠。另外,璎珞在元朝仍很常见,特别是宫廷中的舞女和女侍等常佩戴璎珞。元朝妇女还极喜欢佩戴长命锁。它是一种带有吉祥祝福寓意的饰物,最早起源于何时无从考证,部分学者认为它由璎珞简化而来。在元朝的一些绘画中常能见到这一饰物(图 1-153)。

图 1-153　双龙戏珠纹鎏金银项圈
(现藏于内蒙古博物院)

图 1-154　金玉带饰
(江苏苏州吴门桥元墓出土)

(五)腰饰

1. 带饰

元朝的贵族与平民男子们都十分注重腰带的装饰,蒙古贵族则多用玉带与金带。这一时期精美的带头仍是腰带上重要的装饰品,有金质带头、玉质带头及镶有各种宝石的带头等,形式繁简不一,有扣式、扣针式、卡式(制作时不需使用扣针)(图 1-154)。

2. 佩玉

元朝贵族喜爱佩玉,并沿袭了中原汉民族宫廷中身佩组佩的礼制(图 1-155)。另外,除佩玉外,身佩香囊等饰物的习俗仍旧沿用。

图 1-155　玉鱼挂件

小测试

1. 元朝的首饰种类丰富,他们把宝石称为(　　　),又叫(　　　)。
2. (　　　)帽是蒙古族贵妇特有的一种礼冠。
3. 簪在元朝又称作(　　　)。
4. 元朝妇女极喜欢佩戴(　　　),它是一种带有吉祥祝福寓意的饰物。
5. 元朝的贵族与平民男子们都十分注重腰带的装饰,蒙古贵族则多用(　　　)带与(　　　)带。

十二、明朝

明朝的朱元璋结束了元朝的统治,建国号为明,定都南京,成为历史上的明太祖。明太祖在位期间,中国的版图面积比唐朝的还大,明朝前期,经济繁荣,冶矿、造船、陶瓷、纺织、金银珠宝首饰等手工业生产都达到了中国历史上的最高水平。同时,明朝统治者曾先后七次派郑和率领世界上最庞大的船队游走西洋各国,由此郑和下西洋成为了中国历史上一个伟大的壮举。他走遍了亚洲、非洲等30多个国家,引进大量的珍宝及其他各种文化知识等。

明政府设立了十分规范的命妇制度,对各层不同地位的贵妇衣着佩饰都有着十分严格的要求,一簪一花不能随便佩戴。所谓的"命妇"就是受有封号的妇女。除命妇制度外,在平民的各行当中也制定了不同的制度。

明朝是中国金银工艺史上的一个鼎盛时期。这一时期的首饰风格与前朝相比,有很大的变化,整体雍容华贵,宫廷气十足,工艺上也有极大创新,出土量丰富。其总体特征主要有以下三点。

(1)工艺繁复。与宋元相比,明朝金银首饰的表现手段更加多样,金银首饰制作工艺有锤鍱、錾刻、拉丝、累丝、掐丝、炸珠、镂空、焊接等。其中宝石镶嵌技术更是在明朝得到了广泛的运用,工匠们利用此技术制作出许多佳作(图1-156)。

图1-156 嵌宝金头饰
(湖北蕲春明荆藩王墓出土,现藏于浙江省博物馆)

(2)装饰题材丰富多样。明朝在继承前朝的基础上,不断拓展新的金银首饰题材。除传统的动物、植物素材外,明朝流行将佛教和道教题材以及戏曲题材用于金银首饰纹样中,其中包括一些藏密风格的题材,这反映出了人们消灾、祈福、辟邪的愿景。

(3)首饰类型增多。簪钗依据插戴位置的不同而各有名称。同时,耳环再次兴起,许多考古出土的耳环都十分精致细巧。

(一)冠

1.皇冠

在明朝的皇族中,冠是相当重要的,各种冠饰被制作得极其奢豪。例如明朝第十三个皇帝朱翊钧的"翼善冠",运用了花丝工艺,用极细的金丝掐丝而成,冠上镶嵌着两条金龙戏珠的图案(图1-157)。

除了出土的金冠美轮美奂,冠饰上的各种冠顶亦凸显了北方民族的特点,看上去精美华丽(图1-158)。

图1-157 明万历皇帝金丝蟠龙"翼善冠"
(明万历帝定陵出土)

图1-158 金镶宝帽顶
(明梁庄王墓出土,现藏于湖北省博物馆)

2.束发冠

在贵族男子的冠饰中,还能经常见到一种束发冠(图1-159)。贵重的束发冠多为玉质,下面穿有一孔,以备穿插发簪而用。所用的发簪也多为玉质,特别是那种羊脂蘑菇头玉簪,是当时男子最为喜爱的饰物。

3.凤冠

在宋朝凤冠被确定为皇族贵妇们所戴的一种礼冠,并且被正式收入冠服制度。明朝承袭了宋朝的冠服制度,在祭祀朝会时,贵族妇女们也戴凤冠(图1-160~图1-162)。

图1-159 嵌宝花丝束发冠

图1-160 明孝靖皇后凤冠
（北京市昌平县明定陵出土，现藏于中国国家博物馆）

图1-161 明孝端皇后凤冠
（现藏于故宫博物院）

图1-162 金镶宝钿花鸾凤凤冠
（蕲春县蕲州镇刘娘井村端王次妃刘氏墓出土，现存于湖北省博物馆）

凤冠的具体制法是：以竹丝为骨，先编出圆框，在框的两面裱糊一层罗纱，然后缀上以金丝翠羽制成的龙和凤，并在周围镶满各式珠花；冠顶正中的龙口含有一颗宝珠，左、右两只龙则各衔一挂珠串；凤嘴之中，也同样衔有珠宝。每顶通体镶嵌珠宝的凤冠上的珠宝均多达100多块，有上千颗珍珠，这些珠宝均是当时从国外进口的，十分贵重。

(二)发饰

明朝贵妇头上的首饰常以"一副"来计数。"一副"包含12件发簪，根据插戴的部位不同，发簪有不同的样式与名称，如顶簪、挑心、分心、花钿、掩鬓、满冠等。插戴方式：在头顶戴黑色的䯼髻，最上面插一支花蝶顶簪，中间置一支佛家挑心簪，挑心簪下面正好是䯼髻的口沿处，插戴着花钿，花钿之下是珠子箍，两鬓的花簪是掩鬓，周围对称插戴的则是各种美丽的花蝶小簪和金钿，带角的小花簪有些像宋元时期的闹蛾，行动时花枝娇颤(图1-163)。

图1-163 倪仁吉所绘的吴氏先祖容像
（局部）

图1-164 镶金铜丝铁䯼髻
（上海徐汇区苑平南路明墓出土）

1. 䯼髻

明朝妇女的发髻首饰种类极为丰富，除传统的饰物外，妇女还流行佩戴一种称为"发鼓"的衬发饰物，其实就是当时的一种假髻，又称为"䯼髻"。这种饰物通常是以很细的银丝编制而成，形似灯笼的一个尖圆顶网罩。䯼髻的里外既可以衬帛，又可以覆纱，以便满足各种不同场合的装饰需求。这种用金银制作的䯼髻即使不在上面插戴簪钗，也是很体面的头饰。人们在不同的场合需要戴不同形式的䯼髻，各式的簪钗都可环绕䯼髻而插戴（图1-164）。

2. 头箍与花钿

头箍是明朝妇女常用的一种头部装饰，也称"箍儿"。当时的头箍种类较多，下面详细介绍两种：一种是做成弯弧的长条簪，使用时插戴在发髻正中；另外一种是无簪脚的弯弧簪饰，因使用方法发生了变化，故称之为"发箍"，又称为"花钿"或"钿儿"（图1-165）。

图1-165 金嵌宝花钿
（江苏江阴青阳镇夏邹氏墓出土）

当时最常见的装饰头箍是珠子箍，也称"围髻"，即以珠子镶嵌于抹额上或直接以珠子串成头箍，套于额的上方。这种装饰深得明朝贵族妇女的喜爱。珠子箍既是人们盛装中的陪衬,又是人们日常妆容中的点睛之笔。到了清朝,这种装饰在汉族女子中更加流行,成为发髻下最重要的装饰物(图1-166)。

图1-166　珠子箍
(围髻)(现藏于江西省博物馆)

3.宝钿——挑心、分心、满冠

以前流行的各式花钿、宝钿因用途不同,又有挑心、分心、满冠之分。

挑心与分心都是明朝头面中最重要的装饰,其中挑心就是在发髻正面中间的位置向上挑插的一支精美的发簪,是一副头面中的核心部分。它的簪脚在后面,簪首的图案内容十分丰富,最常见的是佛像,还有梵文、宝塔、仙人、凤鸟之类,都制作得极为精巧(图1-167)。

分心与挑心的作用相似,也是整个头面中最重要的一件饰物。它是仿照宋、元、金时期女子所戴冠的冠前饰物所制作的,是明朝女子插在鬏髻或发髻前后、式样特殊的簪或钿。其形如长十几厘米的一道弯弧,其背面的几支扁管可作簪脚用,正面的上缘一般高于两端,制作技艺极其精巧,题材以道教神仙形象为主(图1-168)。

还有一种插戴在发髻后面的饰物叫作满冠,也始于宋朝,应该是从插梳的习俗演变而来。其形体较长且呈弯弧状,一般横插于脑后的发髻上(图1-169、图1-170)。

图1-167　金镶宝石摩利支天挑心
(蕲春县蕲州镇雨湖村都昌王朱载塔墓出土)

图1-168　金累丝镶玉嵌宝鸾凤穿花分心
（明梁庄王墓出土）

图1-169　文殊满池娇金满冠
（四川平武县王玺家族墓地八号墓出土）

图1-170　戴在䯼髻后的满冠

4.发簪

明朝妇女特别喜爱插发簪，上至宫廷后妃，下至平民百姓争相饰之。这一时期的妇女梳妆图表现的大多是对镜插簪的场景，主要包括以下几种类型。

(1)针状簪。针状簪多指小簪、短簪，造型简洁。这类发簪很不起眼，但又不可缺少。针状簪还有很多有趣的别名，比如挑针、啄针、撇杖等，长度约10cm。还有一类较常见的针状簪，即在簪首做一个小小的蘑菇头，这类发簪多为金质，如鎏金或贴金等，在当时又被称为"金裹头"或"一点油"(图1-171)。

(2)顶簪。顶簪一般以独簪形式或成组形式出现，簪首为金质或银鎏金，有些还镶嵌宝玉石、珍珠等，多制成四季花卉造型，簪脚细长（一般为金质或银质），分别插在䯼髻顶部或左、右两侧。这类簪子也可以用来固定发髻(图1-172、图1-173)。

(3)掩鬓。掩鬓是一种自下而上侧插在鬓边的发簪，也称"捧鬓""边花"或"鬓边花"。掩鬓的造型多做成带尾的祥云状，簪脚朝上，插戴位置靠近左、右两鬓，因此是成对出现。明朝的掩鬓除被做成云朵状纹饰外，还被做成团花等形状的纹饰，这类簪饰流传甚广，皆是精品(图1-174)。

第一章　中国古代首饰

图 1-171　金发簪
（江阴长泾明墓出土）

图 1-172　金镶宝花顶簪
（蕲春县蕲州镇刘娘井村荆端王次妃刘氏墓出土）

图 1-173　镶宝蝶恋花鎏金银簪
（明定陵出土）

图 1-174　金镶宝石云头凤纹掩鬓
（江西省南城县益端王墓彭妃墓出土，现藏于江西省博物馆）

(4) 金玉珠宝簪（图1-175）。从传世的簪钗来看，明朝时簪的数量比较的多。材料多为金、银、铜、琥珀、玳瑁、玉等，此类簪钗除了以动植物题材为主外，还有文字形式的题材。这类簪首造型设计新颖，色彩华丽，工匠们多运用花丝镶嵌的手法，将各种宝石镶嵌其中，使之呈现出既华丽又自然的美。这些珠宝花簪一般多插戴在发髻或冠的重要部位，有单插佩戴形式，也有成对佩戴形式。明朝宫廷称这种成对的簪为"枝个"，缀有珠宝、串饰的称为"桃仗"。

图1-175　金玉珠宝簪
（江阴长泾明墓出土）

花丝镶嵌工艺早在春秋时期就已有雏形，最早始于西汉，西汉后期，用金银制作的头饰开始盛行。盛唐时期由于丝绸之路畅通，东西交往频繁，因此这一时期的花丝工艺的发展处于鼎盛阶段，唐代中期的首饰制作工艺已经比较完整。《升庵全集》中记载了唐十四法，销金、拍金、镀金、织金、研金、板金、泥金、镂金、捻金、戗金、圈金、嵌金、裹金。这十四法对当时这种独具特色的细工工艺作了简明的概述。清朝时期，花丝镶嵌工艺的发展已达顶峰，名品不断涌现，很多成为宫廷贡品，专供皇室使用。清朝北京的花丝镶嵌业分工很细，全行业工艺分为实作、镶嵌、錾作、攒作、烧蓝、点翠、包金、镀作、拔丝、串珠等。除此之外，细金工艺制作中还包括烧蓝、点、压亮、拔丝、化金、焊接、包金等工序。

(5) 龙凤簪（图1-176～图1-178）。龙凤簪仍被明朝的人们所喜爱。凤簪是帝后不可缺少的首饰。宫中其他嫔妃与命妇的凤簪样式多种多样，就连民间的小家碧玉都十分喜爱凤簪。命妇大多成对插戴凤簪，而单支的凤簪多戴在发髻的顶部。

5. 发钗

明朝妇女已不像唐宋时的妇女那样梳高髻，而代之以牡丹头、钵盂头及松髻、扁髻等。由于发髻并不是很高，因而钗的用量也相应减少。

6. 步摇

明朝妇女的步摇多为凤鸟衔珠串的形式。贵妇在十分庄重的场合一般都成双插戴步摇，平时则在发髻的侧面插上一支，让妆容看上去十分雅致（图1-179、图1-180）。

图1-176　嵌宝金龙簪（明定陵出土）

图1-177　累丝嵌宝石金凤簪
（明代妃嫔墓出土）

图1-178　金凤对簪
（蕲春县蕲州镇刘娘井村端王次妃刘氏墓出土，
现存于湖北省博物馆）

图1-179　衔珠金凤对簪
（江西南城明益宣王孙妃墓出土）

图1-180　金累丝蝴蝶凤凰步摇
（浙江临海王士琦墓出土）

7. 插花

除了珠翠首饰外,在当时还流行一种名为"花髻簪"的头饰,就是在发髻周围插上众多的小茉莉花,排列形似针状(图1-181)。

(三)耳饰

明代的耳饰大多轻巧,以耳坠与耳环居多。这一时期很流行茄子形、葫芦形和灯笼形的耳环(图1-182、图1-183)。葫芦形耳环的样式:以一根粗0.3cm的金丝弯成钩状,在金丝的一端穿上珠子,大珠在下、小珠在上,再在两珠之上覆上一片金质圆盖,看上去很像一个葫芦。这种耳饰在当时是区分品级的一种标志,戴这一类耳饰的妇女多为一品命妇。

图1-181 明代女子容像
(现藏于故宫博物院)

图1-182 葫芦形耳环
(现藏于上海博物馆)

图1-183 金嵌水晶茄形耳环

还有一种珠串状耳饰也很受欢迎,珠饰为一颗或多颗不等。耳坠是在耳环的基础上演变而来的一种耳饰,它的上部是一个环,下部是一组坠饰,外形非常精美,做工十分精致(图1-184)。

明末清初,众多的汉族妇女都喜爱一种十分小巧的耳饰,俗称"丁香儿"。

(四)项饰

在明朝妇女的项饰中,最流行的就是长命锁。上至贵妇下至平民均可佩戴,特别是对小孩子们来说,这种饰物更为重要。贵族妇女喜欢在胸前佩戴玉雕童子的挂坠。自宋朝以来,人们很喜欢制作各种各样的童子形象饰物,传世的玉雕童子自宋至清延续不断。此外,明朝的人们还喜欢佩戴念珠、项圈等项饰。

(五)佩饰

1. 霞帔坠

霞帔在明朝依然流行,霞帔虽为命妇之服,但士庶女子也可穿着,只不过穿着它的机会在一生中只有两次,一次是在出嫁之日,一

图1-184 孝靖皇后
金玉兔捣药耳坠
(明定陵出土)

次则在入殓之时。为了使霞帔平整地下垂,遂于其底部系以帔坠,即霞帔坠。目前已出土的霞帔坠主要有金、银、玉等质地(图1-185)。

2. 纽扣和领花

明朝贵族中不论男女,其衣物的纽扣上均有装饰物。在金质和镶宝石的纽扣中,花与蝶的样式最为流行,被人们称为"蝶恋花"。这一类纽扣多是两两成对钉在对襟的立领上面,即使是穿上外罩或礼服,立领上的扣也总是会露出来(图1-186)。

图1-185 凤纹霞帔金坠
(现藏于江西省博物馆)

图1-186 金嵌宝领扣
(现藏于江西省博物馆)

3. "三事儿"与"七事儿"

"三事儿"与"七事儿"是流行于明朝的名词,指中国古代传统的佩饰。"三事儿"主要是指日常生活中常用的牙签、镊子和耳挖三样用具。它多半是拴在汗巾角上或揣在衣裳袖子里,被人们随身携带。而以金、玉等各种宝石做成的各种小物品形状的"三事儿",在盛装时可系挂在胸前作为佩饰,被称为"坠领"。到了后来,坊间不太流行做仿真的小工具,而多制作用环佩、金丝结成的珠花,中间配以珠玉、宝石、钟铃等装饰品,佩于胸前。命妇们则将带有装饰物的珠花置于霞帔之间,俗称"坠胸""坠领"。这些系于裙裾的"坠领"的佩饰又称为"七事儿"。"七事儿"不同于"禁步",是女子的专属佩饰,而"禁步"则是佩垂在裙裾之上的最为正式的一种玉佩饰,男女皆可佩戴(图1-187)。

4. 腰饰

1) 玉带与带扣

在明朝墓葬中,不同身份的墓主都有式样不同的玉带。明朝贵族男子十分重视玉带,"蟒袍玉带"是当时显赫高官的装束。明朝官僚的腰带宽而圆,无法用于束腰,所以总是松垮地拖在腰间,有时还总要用手来扶着。原本只用于束腰的腰带,这时已经变成了装饰品。现今我们还可以在传统戏剧中见到这种腰饰。

而实用性腰带中的带钩与带扣仍是必不可少的装饰品。在传世的实物中,玉质的各类带钩与带扣非常华丽,做工十分精湛。玉带由数块乃至十数块扁平玉板镶珠宝等制成,以金镶玉最为珍贵(图1-188、图1-189)。

图1-187 金镶宝玎珰"七事儿"
(蕲春县蕲州镇刘娘井村荆端王
次妃刘氏墓出土)

图1-188 玉带扣
(明梁庄王墓出土)

图1-189 嵌宝金带
(明梁庄王墓出土)

《明史·舆服志》里面记载了各级命妇的腰带制度。如一品命妇用玉带,二品用犀带,三品、四品用金带,五品以下用角质腰带等。

2)佩玉

明朝初期,强烈的民族自豪感使人们产生了一种对民族遗产过分推崇的心理,掀起了汉文化复兴运动。古书和金玉的研究热潮席卷了文人士大夫阶层,促使佩玉之风重新盛行。

元朝蒙古皇族有规范的佩玉制度,到了明朝,皇室对佩玉更为重视。他们研究了古代大佩的组合,制定了一套佩玉组合的佩戴方法。明朝玉佩也称为"玉禁步",往往佩挂在腰带两侧,左、右各一个,有轻巧玲珑的金玉挂饰,也有组佩(图1-190)。

在民间,组合简单的玉佩或组佩是众多女子喜爱的腰间饰物。这种腰间饰物除了具有美化功能外,还有实用功能(压裙功能)。

图1-190 玉组佩
(蕲春县蕲州镇雨湖村都昌
王朱载塎墓出土)

(六)臂饰与手饰

在明朝的仕女画中,仕女的手腕上都戴有各种精巧的手镯(图1-191)和手链。在她们所戴的戒指中,多镶有宝石,并为传统式样。

图1-191 嵌宝金对镯
(南京江宁将军山沐斌夫人梅氏墓出土)

小测试

1. 明朝贵重的束发器多为(　　　　)质。
2. 凤冠是在(　　　　)时期被确定为皇族贵妇所戴的一种礼冠。
3. 明朝贵妇头上的首饰常以(　　　　)来称谓。
4. 明朝妇女的发饰中流行一种叫作"发鼓"的衬发饰物,称为(　　　　)。
5. 宝钿分为(　　　)、(　　　)、(　　　)。
6. 从传世的簪钗来看,明朝时期簪的数量比钗的数量(　　　　)。
7. 明朝流行(　　　)形、(　　　)形、(　　　)形耳环。
8. 明朝"三事儿"主要指日常生活中常用的(　　　)、(　　　)和(　　　)三种用具。
9. 请简述明朝首饰的发展特征。
10. 在明朝,"七事儿"与"禁步"的区别是什么?

十三、清朝

公元1626年努尔哈赤之子皇太极继位,改女真为"满洲",改国号为清,并仿照明朝的各种制度进行管理。公元1644年,清王朝军攻占北京,结束了明朝的统治,清朝的第一位皇帝福临(清顺治帝)迁都北京。清朝前期仍然是中国历史上一个较为强盛的时期。清帝入京以后曾在服饰上制定了一系列的规定,除了禁止满汉通婚外,还规定汉族男子要穿满族服装并剃头留辫,即把前面的头发剃去,脑后留一条长辫。

清朝首饰的制作风格趋向于繁华富丽、精细繁琐,追求鲜明艳丽的色彩,崇尚变化多端的样式。从风格上看,清朝首饰在沿袭传统风格的基础上,受到了其他艺术、宗教等外来文化的影响,并在融合了古今中外多重文化因素的精髓基础上获得空前的发展。在传承錾刻、镂雕、花丝、金珠粒、点翠等传统制作工艺的基础上,清朝首饰制作又有了新的发展,流行将烧蓝工艺用到首饰制作中。另外,镶嵌手法也有了很大的突破,由之前传统的包边镶、蒙镶到清时期的爪镶、轨道镶、闷镶等。

清朝满族宫廷首饰纹样的造型随着首饰功能的多样化更加绚丽多彩,或以繁密瑰丽为特点,或以雍容华贵为特征,加上以精致的各色宝石为点缀,能工巧匠运用纯熟的工艺打造出了件件皆为传世经典的宫廷首饰(图1-192)。

图1-192　嵌宝点翠头饰

(一)冠饰

1. 朝冠(凤冠)

在女子服饰方面,满族与汉族的差别较大,特别是凤冠。清朝后妃在参加朝廷庆典时都戴朝冠,这种朝冠也是一种凤冠,但它与宋明时期的凤冠完全不同,具有典型的满族风格。

同汉族的皇室一样,这种凤冠又因地位的不同而有差别。如皇后和其他贵妇的朝冠,有三层东珠顶,珠纬上有七支金凤;妃和嫔的东珠顶则为两层,珠纬上有五支金凤。除朝冠式凤冠以外,嫔妃与命妇的凤冠的样式也丰富多彩(图1-193、图1-194)。

图1-193　貂皮嵌珠皇后冬凤冠
（现藏于故宫博物院）

图1-194　嵌宝金凤冠
（现藏于西安曲江艺术博物馆）

清朝皇帝的冠的样式相对较为简单,但冠顶的装饰却非常华丽。冠顶是指在金冠帽顶部的装饰,多采用锤鍱、镂刻、镶嵌等工艺制作,现存的冠顶极为华美,其精美程度超过了历史上任何一个朝代的冠顶(图1-195、图1-196)。

2.钿子

清朝满族的皇后、贵妃在穿吉服(一种礼服)时,有时不戴吉服冠,而戴钿,俗称"钿子"。这里所说的钿子,并不是指汉族妇女用来装饰发髻的花钿或宝钿,而是满族贵妇穿吉服袍时所戴的一种缀满花饰的帽子(图1-197)。

钿子的制作过程:①用金属丝及丝带等编成内胎;②使正面呈扇形;③缀点翠、料珠、宝石等花饰。

清朝宫廷的钿子大致有三种制作方式。

(1)用固定的镶嵌饰件装饰整个冠子,使之组合成具有众多图案的钿子。

(2)在空旷的钿架上按照自己的喜好将数件钿花进行调配安插,组成完整的钿子。

(3)将钿花的主要部分固定在钿架上,佩戴时依出席场合的不同,再亲自装点其他所需要的钿花,使所有钿花随时可以组成一件完整的钿子。由于它的随意性很强,因此深受贵妇们的喜爱。

图1-195 康熙皇帝的镂空龙纹冠顶

图1-196 乾隆皇帝的银镀金镶红宝石朝冠顶

图1-197 点翠嵌珠宝五凤钿
（现藏于故宫博物院）

这些不同种类的钿子因扇形中央的圆形花饰数量不同，故又有半钿、满钿、凤钿之分（图1-198、图1-199）。孀妇和年长的妇女因不需要繁杂的装饰而多用半钿。只有新婚妇女使用凤钿，其他妇女皆用满钿。

图1-198 珍珠珊瑚"喜"字点翠凤钿
（现藏于台北故宫博物院）

图1-199 嵌米珠珊瑚素钿子
（现藏于故宫博物院）

3.清朝官帽的顶珠与翎管

顶是指清朝官员帽子上的顶部，是区别官阶品级的重要标志。顶珠被置于帽子的中心部位。顶珠的制作步骤如下：在朝冠顶部钻一个直径为5cm的圆孔；从帽子底部伸出一根翎管，将红缨、铜管及顶珠串联；再用螺纹小帽旋紧，从而起到一种装饰和连接红缨的作用（图1-200）。

当时的统治者以顶珠的颜色和质料来反映官阶品级：一品官的顶珠质料为红宝石；二品官的顶珠质料为红珊瑚；三品官的顶珠质料为蓝宝石；四品官的顶珠质料为青金石；五品官的顶珠质料为水晶；六品官的顶珠质料为砗磲；七品官的顶珠质料为素金；八品官的顶珠质料为阴文镂花金；九品官的顶珠质料为阳文镂花金。

翎管是在顶珠下用来安插翎枝的管子（1-201）。翎管多为圆柱形，主端有鼻，往下中空，到下端中空部分大如烟嘴，翎子就由此处插入。

图1-200 朝冠

图1-201 二品官员朝冠

在清朝，不同材质的翎管也代表不同的官阶品级，如正一品皇族和正二品官员的翎管，都由珍贵的红珊瑚或金黄色琥珀制成；正三品官员的翎管多由翡翠和上好的羊脂玉制成；从三品官员的翎管由青玉制成；四品、五品官员的翎管所用的材料就是一些杂玉、汉白玉或黄铜之类了。当时最时髦的当数用翡翠制成的翠翎管。

4. 旗髻

旗髻有时也称"旗头"，就是清朝满族妇女的假髻。从传世的图片来看，清朝前期的旗髻还没有脱离真髻，体积也不大，俗称"小两把头"（图1-202）。到了清朝中期，人们的头部装饰越来越华丽，以前的"小两把头"几乎垂到了耳根，发髻较松，稍碰即散，于是一种新的梳头工具"发架"应运而生。到了后期，旗髻逐渐增高，"双角"也不断地扩大，进而发展成一种高如牌楼的固定饰物，这种饰物已不再用真头发制作，而是用纯粹的黑色绸缎制成，戴的时候只要套在头上，再加插一些绢花即可，俗称"两把头""大拉翅"（图1-203）。而这一时期的汉族妇女极少戴高髻，同时也极少戴假髻。

（二）发饰

1. 扁方

扁方是满族妇女梳"两把头"时最常用的发饰。满族皇室贵妇的扁方质地有金、银、翠玉、玳瑁、迦南香、檀香木等。它的主要制作工艺有金银累丝加点翠、镶嵌宝石、金錾花等，常呈现花草虫鸟、亭台楼阁等精美图案。在佩戴过程中人们还在两端配上花饰，或在另一端的轴孔中垂一束穗子，佩戴效果与步摇有异曲同工之妙（图1-204、图1-205）。

图1-202 清朝满族女子旗髻发式
(《贞妃常服像》局部)

图1-203 梳旗髻的女人
(李鸿章家族照(部分))

图1-204 金镶珠镂空扁方
(现藏于故宫博物院)

图1-205 金镶碧玺翠玉花卉纹扁方
(现藏于故宫博物院)

满族妇女在梳理头发时,首先固定头座,放上"发架";然后,在头发上抹头油或一种有黏性的水,使头发不至于散乱;接着把头发分成左、右两把并交叉绾在发架上,在中间横插一支固定头发的扁方,注意需插在发架上的两个孔内;最后用发针或发簪把发梢和碎发固定牢固。

2. 簪钗

清朝满族妇女的发饰除了扁方之外,还有很多簪钗。清朝传世的簪钗主要分为实用型和装饰型两种。实用型簪钗多为素长针,材质多为金、银、铜等,在盘髻时起到固定头型的作用;而装饰型簪钗多选用质地珍贵的材质制作而成,插在发饰中明显的位置上。从整体形式及装饰类型来看,当时的簪钗大致分三种类型。

(1)长簪钗。这种形状较长的簪钗实用性较强,虽然簪头较小,但非常精致。材质为金、玉、珊瑚等(图1-206)。

图1-206　金镶珠宝松鼠簪
(现藏于故宫博物院)

(2)珠宝花簪。这种簪一般多插戴在发髻的重要部位,是用多种材料制成的,簪首的装饰题材丰富多样,如花卉、虫草、动物等,造型复杂,形式多样(图1-207、图1-208)。

图1-207　金累丝点翠嵌红宝龙凤呈祥大金簪　　图1-208　金嵌宝花簪

(3)翠羽簪。此种簪钗非常精美,是运用点翠工艺制作而成的。点翠工艺由来已久,其工艺水平不断提高,发展到乾隆时期已达顶峰(图1-209、图1-210)。

清朝时期的汉族妇女们仍旧保持着传统的凤形发饰,将簪戴在发髻正中,并在左、右两边的发间再饰以花钿。这种凤簪的佩戴方式亦被满族妇女效仿,同样也多装饰在旗髻或钿子正中。

图1-209　银镀金点翠嵌宝果纹对簪
（现藏于故宫博物院）

图1-210　点翠球梅纹花簪
（现藏于故宫博物院）

在清朝，汉族妇女崇尚清雅的装饰风格。清朝学者李渔还对当时妇女的首饰佩戴提出了自己的审美观。他在《闲情偶寄·声容部》里将耳饰中的耳环称为"丁香"，认为"饰耳之环，愈小愈佳，或珠一粒，或金银一点"。他的审美观影响了许多人，如较为年长的妇女、文人之家的女子和崇尚清雅的贵族女子等皆推崇只戴一簪、一耳或一枝花钿的清雅的装饰风格（图1-211）。

3. 花钿与结子

清朝的满汉两族妇女都非常喜爱用花钿装饰。汉族妇女将此装饰物称为"花钿"，满族妇女则将此称为"结子"。花钿既可单独使用，又可辅以点翠工艺或镶嵌工艺使用。当时汉族的花钿与唐宋时期的花钿差别较大，从前的花钿较小，常以成对装饰或多个点缀的方式使用，主要起点缀装饰作用；而清朝的花钿较大，一般以单件的形式装饰，表现的内容多为花卉，起装饰作用（图1-212、图1-213）。

图1-211　《十二美人图》（局部）

图1-212　银镀金点翠嵌珠镶宝五凤钿尾

图1-213　银镀金点翠嵌珍珠宝石结子
（现藏于故宫博物院）

4. 步摇与流苏

在清朝,汉族女子依然喜爱佩戴步摇,其中传统的凤鸟形步摇极受推崇(图1-214)。凤鸟形步摇多以黄金制成,其上缀有珠玉。满族妇女称步摇为流苏,流苏是满族贵族妇女装饰"两把头""大拉翅"的必备之物(图1-215)。其形式多样,在其顶端有龙凤头、雀头、蝴蝶、蝙蝠等,有的还口衔垂珠或头顶垂珠,珠串有1～3层不等,这种下垂的串珠,又俗称"挑"。

图1-214 银珐琅扇形步摇钗

图1-215 银镀金点翠穿珠流苏

5. 簪花

簪花的习俗在我国已有三千多年的历史。明清时期不仅推崇戴鲜花,还流行插戴假花。此时,人们制作假花的工艺十分精湛,同时制作出的假花种类繁多。不论是对汉族女子还是满族女子来说,簪花都是不可缺少的饰物之一。其中,头花是清宫后妃梳"两把头""大拉翅"发髻的主要装饰品。清朝后宫妃嫔喜爱佩戴头花,但因花朵大、覆盖面大,便把它戴在"两把头""大拉翅"的正中,以显雍容华贵。这种头花既有装饰发髻的作用,也可显示其身份地位(图1-216)。

6. 发罩

清朝后期,汉族妇女梳高髻的妆容已经十分少见。已婚妇女往往把头发挽在后脑勺上,此发式叫作"纂儿"。为了固定发髻,在挽发时需辅以其他发饰,如发针、发簪、老瓜瓢、发绳、发罩等饰物,其中最重要的是发罩,它既为实用品又为装饰品,形状多呈圆形或椭圆形,正面呈弧形。妇女在使用发罩时可将它扣在脑后的发髻上,这样既可束住头发,又可美化发型。发罩上的图案十分精美,贵重的多用点翠工艺制作,更多的则用银、铜、铁等制成(图1-217)。

图1-216　王敏彤（爱新觉罗·毓朗的外孙女）

图1-217　戴发罩的清朝女子

（三）耳饰

清朝时期，无论是满族还是汉族，佩戴耳坠的现象十分普遍。清朝宫廷妃嫔耳饰风格多样，主要分为耳环和耳坠两类。满族妇女有一耳穿三孔、戴三钳的传统习俗，即"一耳三钳"。耳钳亦称耳环，富者以金、银、翠玉为材质制作，贫者以铜为材质制作（图1-218～图1-220）。皇后及其他妃嫔在穿朝服时均一耳戴三钳，多为明朝宫廷中流行的葫芦形耳饰。后来，这种风俗逐渐消失，皇宫贵妇只戴一对耳饰，耳饰也更加华丽精巧。清皇宫中耳饰的制作题材丰富，款式多样。工匠们在制作过程中将宝石镶嵌工艺与色彩搭配方法进行了完美的融合。

图1-218　戴耳钳的清代贵妃

图1-219　寿纹点翠珍珠耳饰
（现藏于台北故宫博物院）

图1-220　点翠镶宝嵌珠耳饰

(四)项饰

1.朝珠

清朝官服中的朝珠是品官悬于胸前的饰物,由念珠演变而来。当时从蒙古或西藏等地进贡的念珠大多由蜜蜡、琥珀、珊瑚等珍贵的材料串成。清朝的皇室贵族十分喜爱这些经高僧做法祈福过的念珠,并将它们当作护身的吉祥物随身佩挂。久而久之,佩戴念珠成为了一种习俗。后来清朝的皇族对它进行改进,变简为繁,使之逐渐成为宫廷服饰中特有的佩饰,命名"朝珠"(图1-221)。

图1-221 东珠朝珠

图1-222 鎏金累丝画珐琅嵌东珠领约

2.领约

清朝的领约是一种项饰,紧贴着领子佩戴。从领约的外形来看,其形式与项圈很像,即在用金丝编织的圆环中镶嵌各种宝石,两端各垂着几条丝绦,在丝绦的中间和末尾吊坠珠饰,使之有下垂感。为了方便佩戴,一般在金环的中部装可开合的卡扣。按照当时的规定,领约必须戴在礼服之外,丝绦则垂在背后。后妃及其他命妇在行大礼时都必须佩戴领约(图1-222),而着常服时不用佩戴。

3.长命锁

清朝的汉族妇女与儿童仍然普遍佩戴长命锁。这时期长命锁的制作材料除了金、银外,还有玉质。工匠们在制作时多采用镂空的技法,以喜庆、吉祥、祝福为寓意。长命锁也是民间百姓的必备之物,以银质、铜质居多(图1-223)。

4.前襟串饰

由于制作材料多样,各种美丽的串饰层出不穷。当时制作项链的材料除了常见的金、银、玉石外,还有中国古老的琉璃料器。这些琉璃料器可以被做成各种珠子和小饰物。精美的景泰蓝珠也是项饰制作中的常用之物。手串类饰物常被女子系在前襟领的扣子上。手串类饰物是所有女子都可佩戴的一种饰品,非常具有时代色彩(图1-224)。

图1-223 清晚期福禄寿三星长命锁
（现藏于故宫博物院）

图1-224 戴前襟串饰的清代贵妇

（五）臂饰

1.手镯

清宫旧藏的镯子有圆条镯、扁口镯、扁平镯、串珠软镯等。清朝流行佩戴玉镯，即用和田玉和翡翠两大玉石材料制作的玉镯。除此之外，制作玉镯的材质还有金银、珍珠、珊瑚、玳瑁、碧玺、伽南香等材质（图1-225）。

手镯的纹饰题材一如其他清宫首饰一样，言必有意，意必吉祥，多是蝙蝠、佛手、"万"字纹样，寓意福寿康宁。工匠们在镯面上錾刻各种花纹或镂雕各种纹样，或镶嵌各种宝石等，制作工艺非常精美，装饰感极强（图1-226）。

图1-225 金镶九龙戏珠镯

图1-226 金镶伽南香嵌金丝"寿"字镯

2. 手串

清朝皇宫收藏了很多珍贵的手串,或称"念珠",亦称"佛珠"(图1-227)。手串中必有一个配饰(类似朝珠中佛头)。人们一般将手串握在手中或套在手腕上。清宫中的手串,选材多用珊瑚、碧玺、翡翠、青金石、玛瑙、蜜蜡、水晶等,并且多用翡翠、珊瑚、珍珠、碧玺等装饰佛头、坠角。

现存清宫的十八子手串,部分佛头位置系有挂扣,结合清代宫廷后妃肖像画与晚清后妃照片,发现手串除戴在手腕上之外,也被悬挂在衣襟扣绊处,手串佛头位置的挂扣就是为了契合这种佩戴方式而专门设计的。

图1-227 东珠十八子串饰

图1-228 银鎏金累丝嵌珠指甲套
(现藏于故宫博物院)

(六)手饰

1. 指甲套

指甲套,又名"护指"。在清朝无论是贵妇还是侍女都喜欢蓄长指甲。清朝护指传世品绝大部分以金、银制成,造型也很考究(图1-228)。

2. 扳指

扳指为满族男子套于右手大拇指上的短管状饰物(图1-229)。拉弓时佩戴扳指,可以保护手指并减少手指运动量。扳指在清朝男子中甚为流行。当时的扳指多为玉质,最好的当数翡翠扳指。民国时期,随着清帝的退位,戴扳指的风气日益衰退,许多质料好的翡翠扳指也都被一些珠宝商人改制。扳指这种古老的男子饰物也渐渐地失去原有的光彩。

3. 戒指

戒指又名"约指",俗称"镏子"。清朝兴盛时期,满族贵族男女皆喜爱戴戒指。其形式多样,主要为光面戒指(即无花者),也有扁圈式、圆筒式等。除光面戒指以外,还有镶各种翠玉、东珠等名贵宝石的戒指(图1-230)。

图1-229　翠镶金里扳指

图1-230　嵌珠铜戒指

(现藏于故宫博物院)

(七)腰饰

1. 玉佩饰

这一时期的佩玉种类很多。随着大规模改装易服的推进,以前宫廷中传统的大佩制度被废除,但在帝王、大臣及士大夫的腰间,雕琢精美的玉饰依然必不可少。

妇女腰间的佩玉材质也更加多样化,除了有玉质材料,还有其他宝石材料等。佩玉从以前的礼仪道德的代表变成了一种纯粹的装饰品,一些精致的玉坠被各种丝线编成各种形式的玉挂件,玲珑典雅(图1-231)。

2. 生活坠饰

这个时期男子们的腰间仍有佩刀、小盒以及各种"三事儿""七事儿"等。女子则缝制不同的香囊、荷包等佩挂在腰间(图1-232、图1-233)。

(八)胸饰

考古人员在清朝传世品中发现了类似"别针"状的饰物,即别在衣服上的装饰品。主要有胸针、领针和别针。胸针发展到清朝已经成为一种十分重要的饰物,有时与服装融为一体。明末时期,随着海市开禁,大批的西洋物品涌进我国,胸针从此便融入我们民族的传统文化中,既带有传统的民族风格,又蕴含西方的时尚元素。胸针的材质以银质居多,其他还有黄(白)玉、琉璃、珐琅、珊瑚等。旧时富贵人家的新人喜结连理时,常佩戴此种饰品。

第一章　中国古代首饰

图1-231　粉红碧玺斋戒牌　　　图1-232　青玉透雕香囊　　　图1-233　玉雕香囊(盒)
（现藏于台北故宫博物院）　　　（现藏于故宫博物院）　　　　（现藏于故宫博物院）

小测试

1. 清朝的宝石镶嵌工艺有很大的突破，由之前传统的包边镶、蒙镶到（　　　）镶、（　　　）镶、（　　　）镶等。
2. （　　　）可用于在清朝官员帽顶上插翎子(毛)。
3. 清朝满族妇女的假髻又称（　　　）。
4. 清朝传世的簪钗主要分为（　　　）和（　　　）两种。
5. 满族妇女称花钿为（　　　）。
6. 满族妇女称步摇为（　　　）。
7. 清朝宫廷后妃的耳饰风格多样，主要分为（　　　）和（　　　）两类。
8. 清朝的（　　　）是项饰的一种，紧贴着领子佩戴。
9. 请简述钿子的定义。
10. 请简述钿子的三种类型。
11. 从整体形式和装饰类型来看，清朝簪钗大致分哪三种类型？
12. 清朝花钿与唐宋时期的花钿的区别有哪些？

第二节　中国古代首饰种类

一、古代头饰

我们的祖先,起初自然散发,无需发饰,之后开始束发作髻,发饰工具也从一开始的自然天成的竹子或树枝,发展为以骨、玉、陶、蚌等材料制作的形式各异的笄饰。随着社会生产力的发展,起初仅具实用功能的发饰,在造型、功能、材质、工艺等诸多方面都已不能满足人们的审美需求。随着社会文化的发展,笄饰在原有形态基础上发展成簪饰、钗饰等,同时随着新材料的发现及中外交流的深入,首饰用材范围也越来越广,除了骨、蚌、陶、石等,还出现了玉、玛瑙、珊瑚等各种名贵材料。而在工艺上,首饰的制作加工技术也日益发展,头饰越来越精美。

(一)笄

作为最早出现的一种整理头发的实用物品,笄的历史可以追溯到新石器时代。据记载,在商朝笄除了具有固定发髻、冠帽的作用外,也曾扮演着重要的礼仪文化角色。女子插笄是长大成人的标志。女子年满15岁要举行"笄礼"(称"及笄"),即梳挽成人的发髻,以示成年,表示可以婚嫁。古代男子也用笄,男子固定冠帽的笄称为"衡笄"。男子年满20岁时被视为成年,须行"冠礼",冠的左、右留有小孔,加冠时,用笄横穿发髻使之固定。

据记载,竹子是古代最早用于制作发笄的材料,此外还有骨笄、玉笄、陶笄、蚌笄等,形式有锥形、丁字形、圆柱形等。其制作工艺注重实用性,兼具美观性,如有的笄顶部镶有骨珠,有的笄上刻有花纹(图1-234)。

图1-234　玉笄
(河南安阳殷墟妇好墓出土)

由于金属材料的大量涌现,人们逐渐改用金、银、铜等金属材料制作笄。金属材质的笄,针细头粗,美化功能逐渐加强,遂演化成簪。

(二)簪

至周朝,笄改称为"簪"。簪含有"赞"的意思,是古人身份的象征。对于现代女性来说,发簪已经是很古老的名词,然而在古人的装饰世界里,发簪是古代首饰中最重要且最常用的一种,主要用来挽髻或是戴在发间作为点缀。

自汉朝起簪又称"搔头"。秦汉时期,贵族妇女已不用骨质发簪,而多用金质、玉质发簪,且花样日渐繁多,制作工艺更趋精湛。魏晋南北朝时,贵族妇女用金、玳瑁、琥珀等其他珠宝材料制作各式发簪。唐朝是发簪流行的盛世,女子平日里喜爱戴青虫簪,这里的青虫指一种很大的蝉,身上闪着青绿色和金色的光芒,寓意长生。两宋时期贵妇满头戴簪钗,将多种宝石材料饰于发簪之上。考古人员从出土文物中发现了玻璃簪。到了宋元时期,金银发簪的制作工艺水平达到了巅峰,发簪的纹样也更加丰富多彩。除了传统的龙凤和螭虎之外,还有很多充满生活气息的形象,如石榴、葫芦、牡丹、蜜蜂、蝴蝶等。直至明清时期,发簪无论是在材料、工艺、造型上,还是在纹饰上,都展现出了极高的加工工艺水平。其中明朝的蝶恋花发簪、玉镶宝石发簪非常流行,这类发簪多用白玉、珍珠、红蓝宝石等制作(图1-235)。

图1-235　镶玉嵌红蓝宝石蝶恋花金累丝对簪

(明定陵出土)

1.发簪的簪股

发簪分簪首(簪头)和簪股(挺/簪脚)两部分,传世的发簪样式繁多,但其不同之处主要体现在簪股。

(1)杆状簪股(图1-236)。其形似细杆,截面呈正圆形或半圆形,表面光素挺直,尾部尖锐,以便插拔。也有簪股呈波状弯曲,簪发时需旋转入发,入发后不易脱落。

图1-236　晚清杆状簪股

(2)片状簪股。呈扁平长方形,满族妇女称为"扁方"。扁方是清末满族妇女固定其特有的髻式"两把头"的长方形簪发工具,其长度为20~35cm。常见的制作扁方的材质有金、银、玉、翡翠、玳瑁、檀香木等。扁方还有上宽下窄、尾部尖锐的形式,也有首尾呈"S"状弯曲、尾部呈桃状的形式以及中间略窄、首尾对称的形式等(图1-237、图1-238)。

图1-237 清朝晚期的錾刻银扁方

图1-238 清朝金镶珠镂空扁方
(现藏于故宫博物院)

2. 发簪的形式

(1)簪首和簪股呈"T"字形垂直焊接。一般采用这种形式制作有杆的金钿(图1-239、图1-240)。

图1-239 明朝"T"字形金对簪
(江阴长泾明墓出土)

图1-240 明朝"T"字形高浮雕花钿金簪

(2)簪股上方弯曲伸出,以接簪首(图1-241)。许多短簪都采用这样的形式制作,其好处是簪首可避免被簪股处的图案遮挡。

(3)将簪首与簪股上部或顶部平行焊接或一体锤打(图1-242)。大部分的发簪都采用这种形式制作。

第一章　中国古代首饰

图 1-241　清朝点翠发簪

图 1-242　蝶恋花发簪
（明定陵出土）

（4）簪首上部为耳挖，这类发簪在南方俗称"一丈青"（图 1-243），既可用来簪发，闲时又可用于挖耳。此外，它也以发钗的形式出现过。据出土文物表明在魏晋时期出现过银质挖簪。

（5）簪首与簪股之间由弹簧相连，走动时簪首会微微颤动，有步摇的韵味。此类发簪称为步摇簪（图 1-244）。

图 1-243　清朝点翠"一丈青"

图 1-244　清朝珠翠步摇簪
（现藏于故宫博物院）

（三）钗

古时文人在中国古典诗词中常常用钗来描绘女性的风情韵味，古人往往笄、簪互称，今人则往往簪、钗混称。隋唐时期盛行插戴发钗，清末以后，大多数发钗既有簪发功能又有装饰功能，且无品级的区别，只是富者戴用金或珠玉翠羽制作的钗，而一般人家多戴用银或铜制作的钗，其中银钗最为普遍。

《释名·释首饰》记载："叉,杈也,因形名之也。"发钗是用以插定发髻的一种双股长针,它是在簪的基础上发展演化而来的。簪和钗都有簪首和挺(梁)两部分,不同的是簪挺只有一股,而钗可分为两股。另外,在古典文学中还有"荆钗"一词,荆钗是指用荆条制成的发钗,文中借指贫家女子。

根据其功能钗可分为素钗和花钗。

(1)素钗是用来簪发或支撑假髻的工具(图1-245)。

图1-245 清朝"U"形银质素钗

(2)花钗是命妇礼冠上的重要佩饰,主要起装饰作用(图1-246)。

明朝金累丝叶花镶珠钗　　明朝镶宝珠金钗　　明朝金镶红蓝宝花钗

图1-246 明定陵出土的钗

(四) 步摇

准确地说,步摇是附在簪钗之上的一种既贵重又华美的金玉饰。其样式为:用金银丝编成花枝,上缀珠宝花饰,并有五彩珠玉垂下,使用时插于发际,随着步履的颤动,下垂的珠玉也随之摇曳。

战国时期已有步摇出现,汉魏时期的步摇多以黄金制成,呈树枝状且树枝的顶端各卷一个小环,上悬桃形金叶,制作非常精美;隋唐时期步摇亦十分受妇女青睐;五代承唐朝遗风,插戴步摇的装饰方式十分普遍(图1-247);至明朝,步摇的形式变得更加多样,其中最为普遍的是金凤衔珠步摇(图1-248)。

图1-247 金丝镶玉步摇
(安徽合肥西郊五代墓出土)

图1-248 明朝金累丝凤衔珠步摇
(现藏于首都博物馆)

步摇的形式归纳起来主要有两种。

(1) 在簪首以金银链连接各种坠饰,坠饰晃动幅度较大。这是步摇的基本形式(图1-249)。

(2) 在簪首以细丝或弹簧连接各种坠饰,行走时坠饰会微微颤动。

(五) 栉 (梳篦)

梳篦统称为"栉",上面有背。齿有疏密,疏者称"梳",用于梳理头发;密者称"篦",用于除发垢。此外,栉有时还插于发际之间,成为具装饰性的首饰。

梳篦在中国古代装饰艺术中非常流行,有多种功能。早期的梳发用具的制作方法:将若干个小木棍并排放在一起,其中一端用绳索拴住,然后在做好的模板上刻出齿形。这是梳篦的雏形。但由于木制的梳子不易保存,考古中少有发现。

图1-249 清朝步摇
(现藏于故宫博物院)

从梳子的造型与工艺来分析,梳子的发展大概经历了四个阶段。

1. 新石器时代

此阶段梳子的梳背多呈直线形,上面的装饰图案较少,梳齿粗而少,主要有骨梳、石梳、玉梳、牙梳。图1-250为大汶口文化遗址出土的"8"字形象牙梳。

2. 商周时期

这一时期梳的造型较为随意,但在梳背刻有鸟、兽形花纹,主要有骨梳和玉梳。此时期的梳背部平直,中央有突起,梳身为长方形,至周朝,梳背逐渐变为弧形。

3. 春秋战国至南北朝时期

这阶段梳子的背部呈圆弧形,几乎都呈上圆下方的马蹄形,身部有对称的纹饰,主要材料是玉、竹、木等,其中有的梳篦插于发间作为装饰品(图1-251)。自魏晋以来,妇女流行插梳之风,至唐更盛。

图1-250 "8"字形象牙梳
（大汶口文化遗址出土）

图1-251 战国玉梳

4. 隋唐至元朝时期

这一阶段的梳子形式有所变化,其形体逐渐横向发展,成为扁宽形,梳尺与梳背的交界处不再是传统的直线形,而多呈弧形。由于这一时期工艺技术水平不断提高,梳子的制作也越来越精巧,不仅梳齿细密,梳背上的装饰更是千姿百态。唐朝妇女喜欢在云髻上插戴几把小梳子,装饰发髻,且常用金、银、玉、犀等贵重材料制作梳篦,颇为讲究(图1-252)。至晚唐五代,妇女头上插的梳篦越来越多,数量甚至多达十几把。五代时期以后,梳背变成压扁的梯形,且梳形的规格逐渐加大,插戴数量虽不一,但总体渐少。至宋朝梳子的形状趋于扁平,一般多呈半月形造型(图1-253)。宋朝妇女喜欢插梳,与五代相比,虽然插梳的数量逐渐减少,但梳的体积却日益加大。元朝以后,插梳的装饰方法逐渐消失,至今很少有人以梳为装饰品了。

图1-252　唐朝梳

图1-253　宋朝梳

梳篦的插戴方法主要有以下三种。

(1)横插法。在壁画中,妇女头梳高髻,髻前横插一把梳篦,梳篦的脊梁露出发外,同时横插几把小梳篦。这种装饰的方法始于盛唐,中晚唐时仍很流行,梳子的插戴数量不一。

(2)斜插法。就是在发髻上斜着插梳,有时单独斜插一把,有时对称斜插两把。

(3)背插法(图1-254)。即在发髻的背后插梳(一把),这时的梳篦多做成梯形或半月形,做成半月形的梳子常常被诗人们比作月亮。

梳子的基本功能是梳理头发,但是随着时间的推移,它的用途也逐渐增多,归纳起来有三种。一是理发功能,这一点自古至今没有改变。二是固发功能,梳子出现在人们的头上,最初大概只是为了配合某种发型,起固定发型的作用。梳子的这种用法,在近代苗族妇女的头上尚可看到。三是装饰功能,即把梳子插在发髻间以装饰发型,古人为随身携带梳子,有时会将梳背钻孔,穿绳佩挂在身上,有时则直接插饰在发髻中。

图1-254　宋朝插梳

此外,梳子也是财富的标志,金梳、银梳、象牙梳、玉梳都是古代家庭的重要财产。人们用这些价格昂贵的梳子展现自己的富有和地位,至今贵州苗族、云南傣族的妇女还在头上插金梳、银梳,以此作为财富的标志。

(六) 花钿

花钿是指用金、银、玉、贝等做成的花朵状头饰,如金钿、螺钿、宝钿、翠钿、玉钿等(图1-255)。

图1-255 点翠花钿

(七) 遮眉勒

遮眉勒是系在额前,用以装饰前额和御寒的带子,流行于宋、元、明、清时期,多为青年女子的装饰品,之后渐渐也成为中老年人常用的带饰。上至宫廷贵妇,下至平民百姓,皆流行佩戴遮眉勒。平民所戴的遮眉勒在北方叫作"勒子"或"脑箍",在南方叫作"兜",多以黑绒为制作材料,或加缀一些珠翠,或绣一点花纹。遮眉勒的佩戴方法:套于额上并掩及于耳,将两带在髻下打结固定(图1-256)。

图1-256 遮眉勒

(八) 发型与假髻

1. 古代发型

发型既能展现女子仪容的俊美,又能体现出女子的年龄与身份特点。古代女子发型基本上是由梳、绾、鬟、结、盘、叠、鬓等梳发方式变化而成,再饰以各种簪钗、步摇、珠花等首饰。

古代女子发型主要有结鬟式、拧旋式、盘叠式、结椎式、反绾式、双挂式六类,其不同发髻式样见图1-257。

图1-257 古代各种发髻

2. 假髻

中国古代妇女对发髻形态非常讲究，周朝的女性就用假发做装饰品，用笄加以固定。古代贵妇常在真发中掺接假发，梳成高大的发髻，或用假发做成假髻直接戴在头上，再以笄簪固定，此种发型称为"副贰"。还有一种用假发和帛巾做成的帽子般的假髻，称为"簂"或"帼"，白天往头上一戴，晚上可取下来。

假髻流行于隋唐五代时期，宋朝仍以高髻为美，此种高髻中大多掺有假发，其髻上常饰以用金银珠翠制成的各种花鸟形状的簪钗、梳篦（图1-258）。明朝假髻有丫髻、云髻等，清初仍流行，但后期由于受清朝装束的影响，假髻渐渐不再流行。

图1-258　拧旋式假髻

直至今日，虽因时代变迁，人们已不再束高髻，但仍可以选择不同的假髻式样来设计发型。

小测试

1. 随着社会文化的发展，（　　　）在原有形态基础上发展成（　　　）、（　　　）等。
2. 中国古代首饰种类有（　　）、（　　）、（　　）、（　　）、（　　）等。
3. 插梳的装饰方法始于（　　　　）时期，流行于（　　　　）、（　　　　）时期，直到（　　　　）时期逐渐消失。其中（　　　　）时期插梳的数量最多，而（　　　　）时期插梳的数量逐渐减少，梳的体积逐渐增大。

4.（　　　　）是古时最早用于制作发笄的材料。

5.发笄的主要功能是（　　　　）和（　　　　）。

6.直到（　　　　）时期,笄已经开始称为簪了。

7.（　　　　）是古代头饰中最重要且最常见的饰物,主要用来挽髻或是戴在发间作为点缀饰物。

8.最早在（　　　　）时期出现了"一丈青"。

9.步摇的出现始于（　　　　）时期,流行于（　　　　）至（　　　　）时期。

10.梳篦统称为（　　　　）,齿疏者称（　　　　）,齿密者称（　　　　）。

11.遮眉勒是系在额前,用以装饰前额和御寒的带子,北方叫（　　　　）,南方叫（　　　　）；主要流行于（　　　　）、（　　　　）、（　　　　）、（　　　　）时期。

15.请简述簪与钗的异同。

16.请简述步摇的两种形式。

二、古代耳饰

耳饰是人体耳部的装饰,在我国新石器时代的墓葬中,就出土了大量形状各异的耳饰。当时的耳饰多以玉石、象牙、玛瑙、绿松石、煤精等为材料。冶金技术产生以后,又出现了各类金属耳饰,耳饰的样式也由简到繁不断地丰富起来。

(一)耳珰

耳珰原是美丽的装饰,又称"耳筒""耳柱""耳塞",是一种直接塞入耳孔的饰品。

耳珰出现于新石器时代,多以玉质为主(图1-259)。到了汉朝,耳珰成了当时民间常见的一种耳饰,直到魏晋时期仍非常流行。隋唐时期,耳珰已逐渐被耳钉代替。

图1-259　耳珰

古代制作耳珰的材料十分丰富,有玉、玛瑙、琥珀、水晶、大理石、金、银、铜、琉璃、骨、象牙、木等,最值得一提的是在当时称为"明月珰"的琉璃质耳珰。这种耳珰是由透明且富有光泽的材料制作而成,看上去色彩缤纷,呈现出如同月光般的透明光泽,深受妇女们喜爱。

(二)耳饰

按照形成时代的差别,可将耳环分为以下两种类型:一类是耳玦,即耳环的前身;另一类是由耳玦发展而成的耳环。

1. 耳玦

耳玦是从新石器时代流传下来的一种耳饰,是一种有缺口的圆环(图1-260、图1-261)。耳玦的材质主要是玉材,也有象牙、绿松石等。最初耳玦的装饰面质朴无纹,而到商周时期则皆被施加纹饰且制作工艺考究。

图1-260 新石器时代玉质耳玦

图1-261 春秋战国时期龙纹耳玦

由于这种耳玦的环体较粗且质量较大,长期佩戴会导致耳饰孔变大。随着人们审美观念的改变,这种具大耳饰孔的耳玦逐渐被淘汰,于是轻巧精致的金属耳环取代了粗重的耳玦。

2. 耳环

商周时期的耳环多为青铜制品,也有金质耳环,造型以喇叭形较为多见。这个时期的耳环在工艺及样式方面还比较简洁。宋朝盛行穿耳之风,耳环风格多样,材质有铜、金、银、玉等。辽金至元朝,耳环材质以青铜、金为主。明朝时期很流行佩戴葫芦形耳环,其形式为:上端呈钩状,下接累丝中空葫芦,或以一小一大两颗玉珠上下相连而成,形似葫芦(图1-262)。

商朝喇叭状金耳环

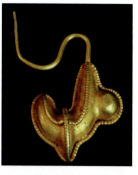
辽朝鱼形金耳环

宋朝金质耳环

明朝葫芦形金质耳环

明朝金嵌宝耳环

清朝翠玉耳环

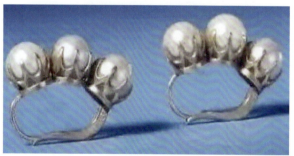
清朝金镶东珠耳环

图1-262　各朝耳环

（三）耳坠

耳坠，是耳环的延伸和发展，上部为耳环（或挂钩），下部为坠饰。

西周至魏晋，由于工艺水平的提高，耳坠种类繁多，有的以纯金打制，有的为金镶嵌玛瑙或松石、玉翠等。宋朝至明朝时期，耳坠的制作越来越趋向精巧化，品种及样式极多，繁简不一，出现了许多佳品（图1-263～图1-266）。

战国时期嵌绿松石耳坠

唐朝嵌宝金耳坠

图 1-263 耳坠

图 1-264 明代累丝灯笼形耳坠

图 1-265 明朝金质葫芦耳环

图1-266　清朝银掐丝龙耳坠

(四)耳珠

耳珠是直接穿戴在耳饰孔中小如豆粒的饰物。

耳珠是由耳珰发展而来的,所不同的是,前者的装饰面及插入耳饰孔的部分都比较粗大,而后者的装饰面小如豆粒,插入耳饰孔的部分为纤细的金属针钩,多呈圆形或椭圆形,常见的材质为金、银、珠玉等。

(五)耳瑱

除了穿耳坠饰外,古时还有一种特殊的饰耳方法,即无需穿耳,只将耳饰从冠帽上垂悬至两耳旁,这种耳饰被称作"瑱",又称"充耳"。瑱是古代皇家及贵族礼服中的装饰,用锦带垂于耳旁以作装饰。佩戴瑱饰有警戒逸言之意,警示佩戴者做到举止端庄稳重,保持气节。瑱饰有两种佩戴方法:一种是将冠帽左、右耳旁的衡笄用丝绳垂挂于两旁耳孔之处;另一种是直接垂于耳下(图1-267)。

穿耳之俗由来已久,大量的出土文物证实,早在新石器时代我们的祖先已有穿耳之举,进入商周社会之后男女也逐渐形成了穿耳的习俗。进入周朝,穿耳之风逐渐在女性中盛行,到战国以后,中原地区的汉族男子多不穿耳,但在妇女中还保留着这种习俗。秦朝的皇室贵族都不穿耳,而士庶女子则必须穿耳,在当时穿耳是区分贵贱的标记。到了汉朝,穿耳已经不再仅用于区分贵贱,而拓展出了警戒功能,警示妇女规范自身的言行。唐朝的人们并不崇尚戴耳饰,虽然个别唐墓也出土过耳环,但甚为稀少,墓主大多族属不明。五代、宋

图1-267　清代装束

朝以后,一方面受少数民族的影响,一方面受封建礼教和伦理纲常的影响,明朝和清朝延续汉朝的穿耳制度,不仅普通妇女穿耳,就连皇后、嫔妃、命妇也都穿耳。

小测试

1. 我国古代穿耳习俗从(   )时期开始,到(   )时期穿耳成为了区分贵贱的标记。
2. 耳珰出现于(   )时期,材料多以(   )为主,流行于(   )时期。
3. 明朝耳环中(   )形的耳环最为常见,这种耳环直到清朝仍在流行。
4. 古代有一种特殊的饰耳方法,即无需穿耳洞,只将耳饰从冠帽上垂悬至两耳旁,这种耳饰被称作(   ),又称(   )。
5. 请简述耳珰的概念。
6. 请简述耳珠与耳珰的异同。

三、古代项饰

项饰是指人们佩戴于项间,装饰前胸及脖颈的饰物。项间装饰品的起源很早,可以追溯至旧石器时代晚期。我们的祖先把贝壳、兽牙串起来套挂在自己的脖颈上,借自然之物表现自己的勇敢、灵巧、力量。

(一)项链

项链是由串珠发展而来的一种项饰。在串珠上加"项坠"及"搭扣",则串珠升级为项链。在清朝以前,项链大多是由串珠组成,清朝以后才出现大量金属链条。串珠是由数枚穿孔的珠子串连而成的一种项饰。一条串珠的珠子可能为同一质地,也可能穿插几颗其他质地的珠子;可能珠子大小均相等,也可能穿插几枚大小不等的珠子,或者在珠子之间插有其他形状的小装饰品。随着时代的发展,初期制作串饰的材料以骨、牙、石、玉、贝等朴素材质为主,后来则以金、银、宝玉石等贵重材质为主(图1-268~图1-271)。

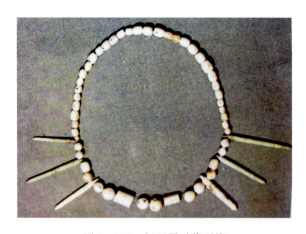

图1-268 新石器时代项饰

第一章　中国古代首饰

图1-269　东汉时期琉璃珠项饰　　图1-270　东汉时期水晶玛瑙项饰　　图1-271　隋朝项链
　　（现藏于广州博物馆）　　　　　　（现藏于广州博物馆）　　　　　　（李静训墓出土）

据考古专家推测，在旧石器时代晚期，山顶洞人就已经用兽牙、骨管、石珠等做项饰来装饰脖颈；而在出土的另一些实物中发现，新石器时代人们也喜欢用海贝、螺壳、玉等材质制作项饰，且数量越来越多。直至东汉时期，项饰一直备受推崇。

隋唐五代时期由于金工技术的进步，金银首饰制作水平得到极大提高。隋大业四年（公元608年）周皇太后的外孙女李静训九岁夭亡，葬于西安玉祥门外，随葬器物中就有一条金项链。

图1-271中的项链用28颗镶各色宝石的金珠串成，项链上部有金搭扣，扣上镶有刻鹿纹的蓝色宝石。下部为项坠，项坠分为两层，上层有两个镶蓝宝石的四角形饰片紧靠圆形金镶蚌且以环绕红宝石的宝花作为坠座，下层就是坠座下面悬挂的水滴形蓝宝石。

五代、宋朝的项链多以珠管组成。明清时期，贵族妇女及舞女多戴项圈，项圈上常以各色绸带作为坠饰。当时未成年男女均戴一种护身锁片（称为"长命锁"），其质料有金、银、玉等。

（二）项圈

项圈是佩挂在颈间的一种装饰环，主要用金、银、铜等材料制成，男女皆可佩戴。项圈流行于明清时期，一般富贵人家多佩戴用黄金制作的项圈，普通人家多佩戴用银、铜制作的项圈，其中以银质项圈居多。

当时的人们认为在小孩脖颈上套项圈，可以将孩子"拴住"，借以保护年幼的孩子免遭疾病邪魔的侵害，因此项圈并不是简单的装饰物，而是祛病辟邪的象征物，寄托着父母对孩子的无限爱意。汉族妇女和孩童戴项圈的习俗一直持续到20世纪五六十年代，而在某些偏远地区至今仍然沿袭这一习俗。项圈的形式多种多样，主要有以下两种。

(1)封闭型项圈(图1-272)。此类项圈的制作方法是：直接用银条弯曲成圆圈,圈径粗细不一,圈成一圈后,在左、右两端绞绕,使之能拉伸、调节圈的大小。项圈表面一般平素无纹或被简单錾刻花草纹样。至今在中国少数民族中仍可见到戴这种项圈的儿童。

(2)开口型项圈(1-273)。开口型项圈的制作方法是：将项圈下端开口,讲究的则分为三段,在接口处连接机钮,在下部左、右端口处各焊接银片并在银片上打孔,再用一银锁套入左、右孔锁住。民间称这类项圈为"银锁""项圈锁"。这类项圈既有平素无纹的简朴类型,也有集锤锻、模压、镂空、錾刻、焊接等诸多工艺于一身的繁复奢华类型。

图1-272　封闭型项圈

图1-273　项圈锁

(三)长命锁

长命锁是旧时儿童所佩戴的一种饰物,是极具有时代特征的民间饰物。它的前身是"长命缕",始于汉代,人们为避不详,端午节时将"长命缕"悬挂于门楣,至明代"长命缕"演变成儿童专用颈饰,后逐渐发展为长命锁。按旧俗,孩子满月或百天时,需佩戴长命锁,人们认为长命锁能帮助孩子祛病消灾。长命锁在苗族、水族等少数民族中称"压领"。

通常在设计长命锁时会不附钥匙,即无法解锁,但也有少部分附有钥匙,可以开合。有些尺寸较大、质量很大的银饰或银锁(如麒麟送子),只是在孩子满月或周岁等纪念日才被象征性地戴一下。

常见的长命锁形式主要有以下两种。

1.单片型长命锁

其形式为：在厚薄不一的银片表面模压、錾刻各种吉祥纹样。一般来说,使用压模锤锻工艺制作的单片型长命锁多为单面工制品,银片较薄;而使用錾刻工艺制作的单片型长命锁多为双面工制品,银片较厚(图1-274)。

2.双片型长命锁

锁有正背面,厚度为0.5~1.5cm,正面常刻有吉祥文字,如"长命百岁""五子登科""长命富贵"等;背面则刻有珍禽瑞兽、佛道人物、花鸟虫鱼等吉祥图案(图1-275)。

图1-274　单片型长命锁　　　　图1-275　双片型长命锁

长命锁的形状一般为如意形,也有腰子形、寿桃形、长方形等其他形状,其中如意形长命锁多缀有坠饰,坠饰多为银链、银铃、银片等(图1-276~图1-278)。

图1-276　如意形长命锁　　　图1-277　方形长命锁　　　图1-278　麒麟送子长命锁

今天越来越多的人们开始重新看待与思索传统文化的价值与意义,同时怀旧正成为一种时尚,于是我们又可以在首饰店里见到为数不多的新做的传统样式的银质长命锁,但其做工、纹样都无法与过去的长命锁相比。更为重要的是其表面泛着一层新灿灿的亮光,而缺乏历经长久岁月形成的由里而外的柔顺"包浆"。

(四)璎珞

璎珞是古人用珠玉串成的装饰品,多用于制作颈饰,又称"华鬘"。它原为古代印度佛像颈间的一种装饰物,其形式颇为繁琐,以颈饰为龙头,下垂至胸部,直到脚踝,有的还与臂饰相连,灿烂绚丽。南北朝时期璎珞随着佛教传入我国,并在唐朝被爱美求新的女性改进,变成了项饰(图1-279)。

图1-279　敦煌壁画(局部)

(五)朝珠

朝珠是清朝礼服的一种佩挂物,一般挂在颈项垂于胸前。朝珠共108颗,每27颗间穿入一粒大珠,大珠共4颗,称分珠。

清朝的朝珠多用东珠(珍珠)、翡翠、玛瑙、琥珀、珊瑚、象牙、蜜蜡、水晶、沉香、青金石、绿松石、碧玺、伽楠香、桃核、芙蓉石等琢制,以明黄色、金黄色及石青色等诸色绦为饰,由项上垂挂于胸前(图1-280)。

青金石朝珠
(现藏于故宫博物院)

东珠朝珠
(现藏于故宫博物院)

图1-280 朝珠

清朝朝珠的绦是用丝线编织而成,颜色等级分明:明黄色绦只有皇帝、皇后和皇太后才能使用,金绿色和金黄色绦为王爷所用,石青色绦为武四品、文五品及县、郡官所用。朝珠的质量可显示官位的高低。官员觐见皇帝时必须伏地跪拜,朝珠碰地即可代替额头触地。朝珠的直径越大,珠串就越长,佩挂者俯首叩头的幅度就越小。

小测试

1. 项间装饰品的出现时间最早可以追溯到(　　　　)时期。
2. 古时佩挂在颈间的一种装饰圆圈称为(　　　　),人们认为它是祛病辟邪的象征物;同时小孩满月或百天时,需佩戴(　　　　),人们认为它可帮助孩子祛病消灾。
3. 长命锁的外形一般为(　　　)形,也有(　　　)形、(　　　)形等。
4. 魏晋南北朝时期,随着佛教的盛行,(　　　　)项饰开始流行。
5. 朝珠共有(　　　)颗,每(　　　)颗间穿入一粒大珠;其中大珠一共(　　　)颗,称为(　　　　),朝珠越长说明官员的职位就越(　　　　)。
6. 请简述项圈的类型。
7. 请简述长命锁的类型。

第一章　中国古代首饰

四、古代臂饰

臂饰是套在腕间或臂上的饰品,主要包括瑗饰、臂钏饰、镯饰。臂饰的出现时间可以追溯至新石器时代,当时的玉瑗饰、陶臂钏饰已作为首饰用于人们的日常装束中。随着金属工艺技术的出现,臂饰材料选择范围日益广泛,做工也日渐精美。

(一)瑗

瑗是我国从新石器时代流传下来的一种臂饰,扁圆而有大孔,即呈扁圆环形。古代圆形器,孔径大于边径的为瑗,边径大于孔径的为璧,边径与孔径相差无几的为环。瑗的制作材料有石、牙、陶、玉等,早期瑗的制作材料以玉为主(图1-281)。

商朝时期瑗饰颇受女子青睐,其形式也日趋丰富。到了战国时期,工匠们在制作瑗饰时无论是在外形上还是在做工上都力求精美。但随着金属的大量出现,玉瑗逐渐被金属手镯所代替。

图1-281　春秋战国时期龙纹玉瑗

(二)手镯

镯,字从金,古称"环"或"钏"。

新石器时代的手镯制作材料多为玉石,金属制手镯早在商周时期即已出现,至两汉时期金属手镯逐渐增多,其中西汉以青铜手镯为主,东汉至魏晋时期盛行银质手镯(图1-282~图1-284)。

图1-282　新石器时代手镯

隋唐至宋朝,手镯已成为上至宫廷贵族、下至平民百姓常用的首饰之一。唐宋以后,手镯的材料和制作工艺有了高度发展,出现了金银手镯、金镶玉手镯(图1-285)、镶宝手镯等。

商朝手镯
（北京刘家河商墓出土，现藏于首都博物馆）

战国时期兽面卷云纹手镯

图1-283 商朝和战国时期手镯

图1-284 战国到西汉年间手镯

图1-285 金镶玉手镯

到了明清时期，手镯造型和制作工艺得到了极大的发展，同时银质手镯相当流行，其制作工艺主要以錾刻为主，主题多带吉祥寓意（图1-286）。

明清时期银质手镯的装饰题材大致可分为祥禽瑞兽、花卉果木、人物神仙等，其中以花

第一章　中国古代首饰

图1-286　清朝金累丝双龙戏珠镯

草纹样最为普遍,常见的有牡丹、莲花、梅花、菊花、竹、灵芝、石榴、桃、佛手、葡萄、葫芦、卷草纹等,以葡萄最为常见;祥禽瑞兽包括十二生肖、凤、鸟、狮子、松鼠、蝙蝠等,以松鼠最为常见;人物题材相对较少,有童子莲花、八仙、福禄寿三星、和合二仙、刀马人物以及戏曲故事中的人物,如梁山伯、祝英台等。除此之外,还有暗八仙、八吉祥、琴棋书画、文房四宝、吉祥文字、吉祥符号等内容。

明清时期的银质手镯风格各异,其基本形式一般分为开口型与封闭型两大类。

1. 开口型

(1) 圆形开口型手镯有素面或素面起棱的简约品种,也有用模压、錾花、镂刻、焊接、累丝等组合工艺制成的繁复品种(图1-287)。

图1-287　圆形开口型手镯

(2) 扁圆形开口型手镯与圆形开口型手镯基本相似,只是端口处常有对称方形或长方形装饰物。

2. 封闭型

(1) 圆箍型手镯(图1-288)。其接口处被焊死或圈成环后,左、右两端绞绕可调节环的大小。

（2）卡口型手镯。该手镯一般由两个半圆组成，一端以合页相连，另一端设有各类卡口装置，可任意开启与闭合，有的卡口两端以银链相连。这类手镯往往工艺复杂，构思巧妙（图1-289）。

图1-288　圆箍型手镯

图1-289　卡口型手镯

（三）臂钏

臂钏又名"跳脱""条脱"，是由锤扁的金银条盘绕旋转而成的弹簧状套镯，少则三圈，多则五圈、八圈、十几圈不等。根据手臂至手腕的粗细，环圈由大到小相连，两端以金银丝缠绕固定，并可调节松紧（图1-290）。

据记载，最早的臂钏饰材质并非金属，而是陶质材料（图1-291），直至金属出现后，金属臂钏才大量涌现，西汉以后，由于受西域文化与风俗的影响，佩戴臂钏之风盛行。

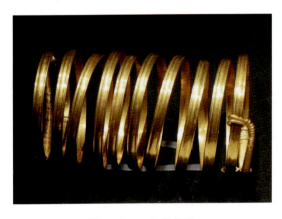

图1-290　金属条脱

图1-291　陶臂钏

小测试

1.中国古代最早的臂饰是以（　　　）形式出现于（　　　）时期，直到（　　　）时期才被金属手镯代替。

2.金属手镯在（　　　）时期即已出现，西汉多以（　　　）手镯为主，（　　　）时期盛行银质手镯。

3. 古代臂钏又称（　　　）和（　　　）。
4. 最早的臂钏材料不是金属而是（　　　）。
5. 请简述明清时期银制手镯的类型。
6. 从手镯镯体来看，手镯可分为哪两种类型？

五、古代手饰

古代女子们十分重视对纤纤玉手的保养和装饰。装饰手部，不仅要讲究饰戴形色各异、时尚精美的指环，还要重视对手部皮肤及指甲的保养。

（一）戒指

戒指，古时被称为"指环"（图1-292～图1-294）。关于佩戴戒指之俗起源于何时，史书上并没有明确的记载。但至少在新石器时代，戒指就已经出现在古人的生活中。由于没有成熟的冶金工艺，因而这一时期的指环用材较为单一，材质大多取自天然材料，如兽骨、牙骨、玉石等。青铜戒指出现于商周时期，东西汉时期逐渐消失。到了秦汉时期，指环被称为"约指""手记"等，有约束、禁戒之意。魏晋南北朝时

图1-292　辽朝嵌绿松石戒指

期金银戒指以及镀金戒指开始流行，无论是在制作材料、款式上还是在工艺上都有很大的突破。明清时期的戒指多运用金、银及各种宝石等贵重材料制作，此外，当时的贵族男子喜欢在右手拇指或同时在两个拇指上佩戴扳指。

图1-293　明朝镶宝戒指

图1-294　明朝竹节形金戒指

清末银戒指成为民间最常见的首饰之一。事实上，古时人们用银锭、银元宝、银币等打制银饰的习俗曾广为流传，并一直延续到民国年间。制作银戒指的工艺方法有模压、锤锻、镂空、累丝、镶嵌、焊接、银镀金、烧蓝等。

1. 银戒指的类型

现留存于民间的银戒指大部分为清朝至民国年间的产品，其基本类型主要分以下几种。

(1)活口型戒指。此种戒指最为普遍。活口型戒指的接头相连，没有被焊死，可根据手指的粗细调节宽窄(图1-295)。

(2)封闭型戒指。封闭型戒指的接缝处已被焊死，不可调节(图1-296)。

图1-295　活口型戒指

图1-296　封闭型戒指

(3)镶嵌型戒指。其形式为：在银质戒面镶嵌珠宝玉石(图1-297)。

除此之外，银戒指有一种俗称"四连环"或"五连环"的特殊样式。这种类型的戒指有四五个银环，戒面曲折交错，环环相扣，一旦松散，则很难组装回去，所以平时必须以丝线缠绕固定(图1-298)。

图1-297　镶嵌型戒指

图1-298　四连花纹戒

2. 银戒指的样式

从外形上看,尽管银戒指的样式繁复多变,但主要有以下两种样式。

(1)式样与穿针纳线的顶针箍相同,戒面与指环等宽或略大于指环(图1-299)。

(2)戒面较大,而指环细长呈条状,戒面形式多变,而指环则无太大的变化(图1-300)。这一类的戒指数量最多,样式变化也最复杂。

图1-299 狮子绣球老银戒

图1-300 清朝花开富贵老银戒

在中国古代,以戒指为爱情信物的历史源远流长,但并不独以戒指为凭,簪钗、手镯也是最常见的婚定之物。而西方订婚独以戒指为凭,在西学东渐的过程中,年轻一代逐渐接受了这一西式习俗。

有研究认为,戒指是由操作弓箭时用的扳指演变而来的。扳指也叫玉碟,是射箭时勾弓拉弦用的器物,西周至战国时期非常流行(图1-301)。王公贵族还以佩戴由精美玉料制成的玉碟为荣,显示其地位和身份。玉碟呈椭圆形,中有一孔可以戴入成年人的拇指,侧面突出的小钩用来勾弓弦,后壁上的小孔可以将玉碟穿绳后挂在身上,防止掉落。古人射箭时,为了防止弓弦勒伤手指,往往用兽骨、小竹筒或玉、石等为材料制作小圆筒,套在右手拇

图1-301 玉碟

指上,以起到保护手指的作用,这种用具被称为"扳指"。扳指在长期使用过程中,逐渐演变成一种装饰品——戒指。据说,进入封建社会后,戒指曾一度成为宫中嫔妃们的避忌标志,宫嫔一旦行经或怀孕,就要在左手戴金戒指,以示无法接受招幸,平时则戴银戒指。

(二)护指(指甲套)

爱美的女子以凤仙花或指甲花来涂染指甲之风俗源于宋朝。因为较长的指甲很容易被折断损坏,所以早在战国时期,人们就用指甲套来保护美甲。

指甲套又名"护指""义甲",选材多样,制作相当精细,流行于皇室及达官贵族中。尤其是在清朝,用金银制作成的指甲套(长度为4~14cm),纹饰极为华丽(图1-302)。

清朝嵌宝护指　　　　　　金质护指　　　　清朝玳瑁嵌珠宝花卉护甲套

图1-302　护指

故宫旧藏护指的纹饰繁杂多样,如铜镀金累丝点翠满饰竹叶并带竹叶形流苏、铜镀金镂空万寿无疆纹、银镀金缕寿蝙蝠纹、银镀金镂空嵌珠宝、梅花加珐琅彩竹纹、金镂空连环纹、菊花纹、兰花纹、铜镀金镂空嵌米珠团寿纹等。

小测试

1. 戒指在中国古代称(　　　)、(　　　)和(　　　)。

2. (　　　)指环出现于商周时期,并至两汉时期逐渐消失;(　　　)时期流行金银指环和镀金戒指。明清时期多运用(　　　)、(　　　)及(　　　)等贵重材料制作戒指。清朝贵族男子喜欢在右手拇指或同时在两个拇指上佩戴(　　　),到清朝末年(　　　)戒指成为民间最常见的首饰之一。

3. 因为较长的指甲很容易被折断损坏,所以人们就用(　　　)来保护美甲。它又名(　　　)和(　　　),最早出现在(　　　)时期,尤其到(　　　)时期,它的制作相当精细,装饰非常华丽。

4. 请简述现存民间的银戒指的基本类型。

5. 从戒指的外形来看,银戒指主要分为哪两种样式?

第一章　中国古代首饰

六、古代佩饰

古代佩饰主要是指装饰于服装外,悬于腰际之间或与服装相搭配的装饰品。我国早在新石器时代就出现了形式美观、内涵深厚的佩饰,先辈们向后代不断地展示着自己的智慧与心血,同时也为新时代的佩饰发展提供了创新思路和创新方向。

(一)腰坠

腰坠是古人挂在腰部的各式各样的小装饰(图1-303~图1-309)。随着人们对着装要求的提高,人们喜欢将一些小工艺品坠挂在腰带上作为装饰物。腰坠的种类很多,如由小珠组成的腰箍,各种动物造型、人物造型的小坠饰,环形坠、圆形坠等,制作材料有兽骨、玉石、金、银等。

腰坠最早出现于新石器时代,多以玉璜形式出现,曾出土的有鱼形腰坠、人兽形腰坠。商朝腰坠的形状以写实的形状及变形的人形、动物形为主。周朝以后,由于玉佩制度的制定,人们多佩挂各种形式的组列玉佩,但精巧别致的人形、动物形小坠饰仍受大家钟爱。汉唐以后,人们不仅流行佩戴单件坠饰,也流行佩戴组列坠饰,许多坠饰都带有祈福求安之意。明清时期各种环形、圆形、葫芦形及长方形腰坠比较多见,此时期更加流行佩戴吉祥坠。

图1-303　新石器时代鱼形坠

图1-304　商朝鸟形坠

图1-305　战国时期高浮
雕龙纹出廓璧

图1-306　汉朝镂雕
龙凤纹玉佩

图1-307　宋朝圆雕
摩喝乐玉童子

图1-308 明朝圆雕望子成龙雕件

图1-309 清朝圆雕福禄寿人物玉山子

(二)玉佩

中国不仅是世界上最早制作和使用玉的国家,也是世界上唯一在玉中注入了很多思想和文化的国家,特别是把玉与人性、人品相结合,因此中国人将玉视为珍宝,随身佩戴。

古时人们认为人步履的缓急是根据人的尊卑而定的,越是尊贵,行步越需缓慢,因此所戴的佩玉也必有所不同。人们身上所戴的玉佩会随着人的走动而彼此碰触,发出各种声响,从而可据此掌握行步的节律,因此玉佩俗称"禁步"。古人认为,心态平和,步履从容,则玉佩之声缓急有度,清雅悦耳;若心浮气躁,步伐凌乱,则玉佩音律失和,节奏杂乱,此为失礼。越是尊贵之人,他们的行步就要越慢,因此他们所戴的玉佩长度更长且做工更加复杂精致,以显示佩玉者的身份。

玉佩又称"杂佩",有大佩及装饰佩之分,并且为此制定了一套佩玉制度,一般在举行盛大的活动时佩戴大佩;而装饰佩是人们的日常佩饰,组合形式较随意。

组玉佩由珩、璜、琚、瑀、冲牙等组成,中间还夹杂批珠。珩是一种弧形片状玉器,位于组玉佩最上端,是成组佩饰中最重要的组件;璜是玉佩中带弧度的条状玉饰;瑀是玉佩中间的圆形玉饰;琚一般追挂在瑀的左、右两边;冲牙是位于组玉佩最下端的玉饰。

图1-310所示为西汉南越王墓出土的右夫人组玉佩。该组玉佩由九件玉佩饰、十粒金珠和一粒玻璃珠组成,是诸妃七套组玉佩中最精美的一套。

春秋战国时期人们开始流行佩戴玉佩,到秦朝繁缛的礼仪使玉饰的佩挂样式也逐渐复杂化,人们将纯洁的玉与高贵的品德相联系,用玉来约束和规范人们的思想与行为,贵族士大夫们争相佩玉,于是出现了组列式玉佩。

图1-310 组玉佩

西汉初期,连年的战乱使佩玉制度废弃并失传,但随意性较强的装饰佩却始终盛行不衰,直到汉末,佩玉制度再一次被废除。魏晋时期,佩玉制度又一次恢复;唐宋时期,佩玉之风再次盛行;元明时期,人们将玉佩成双成对佩挂在腰带两侧;清朝初期,佩玉制度因服饰的变异而彻底废止。

(三)带钩

带钩,古时又称"犀比",是古代贵族和文人武士所系腰带的挂钩,与后文中世纪时期所流行的"带扣"的功能十分相似,为男子的腰饰。早期带钩多以青铜铸造,后来多用玉质材料制作,也有用黄金、白银、铁等制成的,多采用包金、贴金、错金银、镶嵌等工艺。

带钩起源于西周,战国至秦汉广为流行,是身份的象征(图1-311)。西汉时期是玉带钩发展的鼎盛期,玉带钩的制作在继承战国时期器型和技法的基础上又得到了进一步的发展和创新。

战国时期鎏金包金嵌松石龙虎斗青铜带钩

战国时期错金银龙纹带钩

图1-311　战国时期的带钩

东汉至魏晋南北朝时期是带钩制作的衰落阶段。此时的带钩数量锐减,类型单一,这种情况一直延续至唐宋时期。

到了元明清时期,带钩的制作水平得到极大提高,制作成品造型优美、玲珑奇巧、颇有神韵(图1-312～图1-314)。这表明此时人们更注重的是带钩的玩赏性而非实用性。此时期玉带钩上面一般都刻有以花草、动物为题材的浮雕和立雕,钩首多为龙头形,以龙螭纹相组合的龙带钩最为精美。

图1-312　明朝玉羊首带钩

图1-313　明朝碧玉龙带钩

清朝翡翠龙形纹带钩　　　　　　　　　清朝白玉高浮雕螭龙带钩

图1-314　清朝带钩

(四)日用挂件

古人制衣时不设衣袋,许多日用品都被挂在腰带上,以备随时取用,一般挂有挂梳、觿、佩刀、"银事件"、缝纫工具、取火工具、鞶囊、香囊、牙签、耳挖等。

1. 挂梳

梳子原本是梳理头发或装饰头部的物品,为了携带方便,有些梳的梳背被钻上了小孔,穿上绳带,坠挂在腰上。这种可坠挂的梳子早见于新石器时代的墓葬中(图1-315)。

2. 觿

觿是一种形似野兽牙齿的解绳结工具(图1-316、图1-317)。原始社会,人们以野兽的牙齿作为装饰品坠挂在身上。有时为了结绳,人们也常常用尖锥状的兽牙来辅助。后来人们模仿牙齿的形状,用骨、角、玉或金属制作出一头尖、一头粗且略呈弧度的解绳结工具——觿。后来许多觿失去了使用功能而演变成一种装饰品,但在北方地区,一些游牧民族直到近代,仍在使用一种角质觿或铜质觿。

图1-315　新石器时代挂梳

3. 佩刀

先秦时期,佩刀又称"容刀",佩刀的制作材料有牙、骨、角、玉、铁及青铜等(图1-318)。夏商时期人们流行佩挂刻刀,其材质有玉质、骨质等。从出土的刻刀来看,刀柄上刻有各种动物造型图案,如乌龟、鹦鹉、鱼等,雕琢细腻,形象生动,不仅实用,还是绝好的装饰品。

第一章　中国古代首饰

图 3-316　商朝觽

图 1-317　战国时期玉龙凤纹觽

4."银事件"

银质佩饰中最有代表性的当数"银事件"（图 1-319），其基本形式为：在单支银链下坠一片较大的银片，下垂三串或五串、七串小银链，银链下端挂刀、枪、剑、戟、耳挖、刮舌器、镊子、牙剔、铃铛等饰件。明清时期一般人家多用银制作此类佩饰，而富裕人家则用金制作，金质事件称为"金事件""金三事""金七事"等。明朝妇女的佩件有"坠领"与"七事"，戴在胸前的佩件叫"坠领"，挂在群腰的佩件叫"七事"。

图 1-318　清朝佩刀

图 1-319　"银事件"

"银事件"中的刀、剑等兵器形坠饰,有辟邪压胜的寓意,以兵器形坠饰为佩饰早在晋代就有记载。坠饰中的耳挖、镊子、牙剔等具有实用功能。铃铛是银质佩饰中最常使用的物件,加之坠饰彼此相触,在女子行进之际会发出细碎、悦耳的声响,有环佩叮当、古韵犹存之感,体现出那一时代的女性所特有的风情与韵味。

5. 缝纫工具

缝纫工具是古代妇女随身携带之物,主要是用来盛放缝衣针的针管,一般以象牙或兽骨制成,也有金属制品。管内插布芯,布芯是用布包棉花缝制成棒状,针便扎在布芯上。制作时会对管的外壁进行一番雕饰,并在管下坠挂彩色缨穗,管的上端有用于坠挂的钻孔(图1-320)。

图1-320 银质针管

6. 取火工具

坠挂在腰间的取火工具有木燧、金燧、火镰(图1-321)。

图1-321 取火工具

7. 鞶囊

鞶囊是古人坠挂在腰间的小口袋,因最初多以皮革制成而得此名,又因坠挂在腰的旁侧而称"旁囊",主要用来盛放一些日用杂物或小食品,后来还用于盛放烟叶等。有官品的人,以此盛放绶印。宋朝以后,鞶囊演变成荷包、茄袋、顺袋。

鞶囊最迟出现于春秋战国时期,汉魏时期流行佩挂兽头鞶囊。所谓的兽头鞶囊是指绣有兽头图案的鞶囊。唐朝的鞶囊千变万化,形式各异,且相当盛行,在出土的石刻、绘画、陶俑中可见大量佩戴鞶囊的人物形象。宋朝以后,鞶囊不仅名称发生了变化,花样也不断翻新,改名为"荷包",多为丝织品材质饰品,荷包上多刺绣"福禄寿"等吉祥字样。在清朝及近代传世品中发现了壶形、心形、葫芦形等造型多样的荷包(图1-322)。

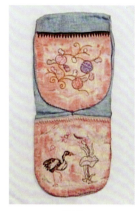
鞶囊

荷包

图1-322 清朝鞶囊和荷包

8. 香囊

香囊又称"香袋""香包""香荷包""熏囊"等,先秦时期被称为"容臭",是历代妇女、儿童佩挂在腰间的饰物,用以熏香身体。香囊中盛放的香料有对人体有益的草药,但主要香料为一种被称作"薰"或"蕙"的香草。

香囊是用罗绢缝制而成的,唐朝以后用金属制成的香球及香坠十分流行。各种形式的香囊在宋、辽、元、明墓葬中均有出土(图1-323~图1-326)。

图1-323 明朝鹿衔灵芝纹银香囊

图1-324 清代香囊

图1-325 清朝银鎏金镂空福寿纹香囊

图1-326 唐朝香球

图1-326中的香球是以两个半球体利用合页相连而制成,开闭处备有勾链,球内装有盛放香料的盂,盂与球体之间以横轴相连,使香盂在晃动的情况下始终保持平衡状态,这样盂内香料就不会散落在外。制作者在香球的外表通体镂刻各种图案,既美观又能使香气充分向外散发。球的顶端装有勾链,以供坠挂。使用者既可用香球盛放香草挂在身上,也可在香球内焚烧香料,挂于床帐上。

人们腰间坠挂的实用品,除上述物品外,还有用于拭手擦面的手巾,用于擦拭器物的纷帨,用于夹物的镊子,用于掏耳的耳挖,用于剔牙的牙签,用于盛物的算袋、帛囊,用于盛放折扇的扇套以及挂表等物。

小测试

1. 腰坠最早出现于(　　　　)时代,商朝的腰坠的形状主要以写实的形状与变形的(　　　)形和(　　　)形为主;(　　　　)时期,人们多佩挂各种形式的组列玉佩;明清时期更加流行(　　　　)佩饰。

2. 组玉佩俗称(　　　　),由(　　　)、(　　　　)、(　　　　)、(　　　　)和(　　　　)等组成。

3. (　　　　)时期开始流行佩戴玉佩,到(　　　　)时期玉饰佩挂样式逐渐复杂化;(　　　　)时期人们将玉佩成双成对佩挂在腰带两侧。

4. 请简述我国古代的腰坠种类。

5. 请简述腰坠在每个时期的发展特征。

6. 请写出中国古代的日用挂饰名称(六种以上)。

第二章 外国古代首饰

第一节 古西亚首饰

西亚的古代文明主要包括两河流域文明,即巴比伦文明和美索不达米亚文明。

世界最早的文明之一——美索不达米亚文明(又称西河文明)发源于底格里斯河和幼发拉底河之间的流域——苏美尔地区。美索不达米亚文明最早创始人是苏美尔人,与古国文明不同的是,当时的苏美尔人并没有形成统一政权领导下的国家,而是生活在城邦分立的状态下,曾崛起过多处杰出的文明。虽然他们早已衰落无踪,但从当时的饰品中还依稀能窥见昔日的辉煌(图 2-1)。

图 2-1 中的这些首饰是出土于乌尔皇陵遗址的苏美尔宫廷首饰。首饰是从不同的尸体上收集的,不过整体展示效果应该和当时的装饰效果差不多。这些饰品包括:一个尖顶上饰有花朵叶的黄金发饰,一个黄金发箍,三条由青金石和

图 2-1 苏美尔宫廷首饰

红玉髓珠制成的头饰,饰有黄金叶片和青金石做成的垂饰,一对新月形的金耳环,一条由黄金、青金石和红玉髓珠制成的项链,一枚带有青金石顶珠的银质别针。皇陵中埋葬的很多侍女都戴着这样的首饰。

一、黄金与串珠首饰

西方最早使用黄金并用于首饰制作的是苏美尔人。据记载,在公元前 4000 年左右,其金属制造工艺达到了相当纯熟的水平。苏美尔人可以把黄金敲打成极薄的金箔,用金箔制成的树叶花瓣可以像流苏一样悬挂着(图 2-2)。

图 2-3 展示的是一件树叶形项饰,由金片、天青石、红玉髓交替穿成。天青石的亮丽蓝色使它在当时得到了高度的赞美,并成为财富的象征。

图 2-4 展示的是一对新月形(船形)金耳饰,形体简洁、浑厚,类似我国少数民族的银质耳环。

图2-2 金箔饰品

图2-3 树叶形项饰

图2-4 新月形金耳饰

图2-5展示的是悬挂着用天青石和红玉髓珠子间隔开的金环项饰。

图2-6展示的是由在金片上进行表面平行纹理处理的三角形与在天青石表面进行平行纹路处理的倒三角形串成的项饰。

图2-5 金环项饰

二、其他金质装饰品

苏美尔时代的金工工艺技术相当纯熟,除首饰外还制作了大量的金属制品(图2-7、图2-8)。

图2-7展示的是公羊雕塑,在竖琴共鸣箱前面装饰的金质公牛是复原

图2-6 黄金、天青石项饰

修补的,但胡须、头发、眼镜的制作材料还是原先的天青石。图2-8展示的是当时王后的竖琴,制作于苏美尔时代,即公元前2500年左右。后人在乌尔王陵发现好几件竖琴。此件竖琴的木质部分已经腐朽成泥土了,但后人把熟石膏灌入木头腐朽部分后形成的空腔起到了保护竖琴装饰部分的作用。竖琴前面的镶嵌板是由天青石、贝壳、红石灰岩制作的,原来是用沥青黏合的。

图2-7 公羊雕塑

图2-8 竖琴正面

第二节 古埃及首饰

古埃及首饰可以说是古埃及艺术的一个美丽分支。首饰的佩戴在古埃及相当广泛，社会各个阶层，上至法老下到平民，不论生者、死者，人人都佩戴首饰，甚至连壁画和雕塑中的人物、动物和神灵也都佩戴各种首饰。首饰对热爱装饰的古埃及人来说已不仅仅是奢侈品，而是与穿衣戴帽同等重要的生活必需品(图2-9)。

图2-9 古埃及女子图像

一、古埃及首饰中象征性图案纹样

古埃及首饰多以各种象征性图案纹样出现，如太阳纹、鹰、蛇、圣甲虫(即屎壳郎)、苍蝇等图案，许多人佩戴这些首饰是因为相信它们有辟邪和保护的作用。其中，鹰在古埃及文化中有特殊的意义，古埃及人认为展翅高翔的鹰比任何人都接近太阳，所以将之视为太阳神拉和法老守护神荷鲁斯的化身。圣甲虫被古埃及人视为力量的化身，是太阳神的象征，人们将带有甲壳虫的首饰作为护身符(图2-10)。这是因为圣甲虫具有无比大的力量，能把比自己重许多倍的粪便推动或举起来。古埃及人还非常崇拜蛇，认为蛇有特殊的寓意，象征着繁殖力和来生。

图2-10 圣甲虫金饰

二、古埃及首饰材料

(一)黄金

古埃及人认为黄金是太阳神赐下的礼物，并像崇拜太阳一样崇拜黄金，将之视为权力和生命的象征。金饰在古埃及饰品中占有很大的比重，苏美尔人发明的金属制造工艺技术，古埃及人也都掌握了，并且将这项技术发展到极致。

(二)天然宝石

早在公元前4000年，古埃及人就已对天然的卵石和骨头进行加工，红玉髓、青金石、碧玉、长石、绿松石等是制作首饰时常用的宝石材料。这些宝石各代表了不同的寓意，古埃及《亡灵书》中记录：红玉髓象征着鲜血和生命，青金石象征着纯澈的天空，绿松石象征着尼罗河的河水，碧玉象征着植物和新生，传说每一种宝石都有一位神守护。

(三)人造宝石

古埃及本土缺乏彩色石头资源，因此人们不得不寻找代用品以顶替彩色宝石。一种方法是在透明的水晶背后粘上彩色胶泥，仿制光玉髓；另一种是使用玻璃料替代宝石，达到以假乱真的效果。可以说,古埃及人是制作人造宝石的鼻祖。

三、古埃及首饰种类

古埃及的首饰主要有头饰、耳饰、项饰、坠饰、手镯、戒指、腰带、护身符等。

(一)头饰

古埃及人非常在意仪表是否俊美,所以非常注重衣着装饰,在头部装饰上更是花样层出不穷。头饰是身份的象征,多由黄金制成,造型多种多样,古埃及的贵族在不同场合佩戴不同造型的头冠(图2-11)。最典型的是法老的头冠,在法老的头饰上可以经常看到蛇的纹样(图2-12)。

图 2-11 公主头冠

2-12 托勒密时期法老头冠

(二)耳饰

公元前1553—前1085年即古埃及新王国时期,埃及人开始佩戴耳环,而且很快便盛行。耳环是古埃及最晚出现的一种首饰,无疑受到了外来文化的影响。耳环的造型夸张,最常见的是宽圆环形,其耳饰造型与现代首饰中流行的波希米亚风格的首饰颇为相近(图2-13)。

图 2-13 耳饰

(三)项饰

古埃及项饰一般为宽条带状,呈珠串形式,佩戴时整圈围绕颈部,多采用松石、玉髓之类的宝石及玻璃材质制作。项饰在古埃及象征着死后的复生和多子。常见的项饰几何造型突出,图案排列整齐(图2-14)。

图 2-14 项饰

图 2-15 新王国时期项链

图 2-14 中的这类型项饰是古埃及人普遍佩戴的一种珠宝。几行垂直放置的圆柱形串珠被穿在一起形成半圆形，项饰末端背后的六个孔表明珠子原本有六串，通过末端弯角中间的孔，这些线头穿出来并组成两条细线，系在人的脖子上就成为佩戴的项饰。

新王国时期晚期，帝国又开始进入混战。当时的人们在制作首饰时使用了大量护身符和神像作为装饰元素，同时在这一时期还发现皇家首饰中有由黄金珠、串珠相结合制作的饰品（图 2-15、图 2-16）。

图 2-15 中的这件穿在两条平行线上的精美珠宝，反映了埃及第十八王朝晚期的一种首饰制作风格。当时的项链常常有着彩色的垂饰，像花朵、果实——它与象征精力充沛的葡萄酒有关。它们甚至可解释为给予生命的"祭品"（新王国时期的献祭常常包括敬献花束和酒），表达了死者不仅要重生，而且要获得全新生活的愿望。项链末端系着红玉髓的莲花和一串葡萄，下面一条链子上装饰着矢车菊，链子中间挂着的最大的一个饰品是绿黄色的彩陶。两条链子通过末端带环的泪滴状金片垂饰连在一起。链子本身是由金片、红玉和红玉髓以及用颜色类似这些珍贵材料的彩陶做成的珠子构成的。

图 2-16 展示的是新王国时期的皇家首饰，多为用黄金珠、串珠及镶石相结合制成的项链。

图 2-16 新王国时期项饰

(四)坠饰

坠饰的式样繁多,有的还浇上釉彩,绘上鲜花图案,并刻有阿拉伯名言警句(图 2-17)。其功能与护身符一样,也是祈求神灵的庇护。

(a) 圣甲虫坠饰(1)　　(b) 金坠饰　　(c) 圣甲虫坠饰(2)　　(d) 太阳坠饰

图 2-17　坠饰

图 2-17(c)展示的是一件运用金属镶嵌技术工艺制作的坠饰,图中圣甲虫的头部和身体是通过将整块玉髓直接置入掐好的金丝框内制成的,而翅膀则是通过胶剂将多块青金石、红玉髓、绿松石等直接置入掐好的金丝框内制成的。从这件饰品中可以看出,当时的镶嵌制作工艺已经初步趋向完美。

(五)手镯

在古埃及社会的各个阶层,上至神灵法老,下至平民百姓都佩戴各式手镯。手镯呈宽条带状,搭扣设计精巧,使首饰能紧扣在手腕上(图 2-18)。古埃及人有时双手佩戴一模一样的手镯,这个习惯与古埃及人崇尚对称美和秩序美有一定的关系。

图 2-18　手镯

(六)戒指

在古埃及,戒指的用途很广泛,除了基本的装饰功能之外,还有凭证功能。如当时有一种印章戒指,主要用于在文书和信件上盖印章,便于携带。此外,还有一种以护身符为主题设计制作的戒指,其表现形式常常是借助于一个动物形象,表达一种愿望。在埃及人的眼里,动物是重生的标志,因此以圣甲虫等动物作为戒面的戒指也较为流行(图 2-19)。

古埃及艺术和首饰在风格上表现一致,不仅仅因为首饰是艺术的一个分支,更因为艺术和大部分的首饰都是为古埃及统治者和宗教服务,从而造就了古埃及首饰独特的装饰风格。

图 2-19 戒指

具有代表性的古埃及设计元素有圣甲虫、鹰、蛇等，这些元素多次被应用于现代首饰设计中，为首饰增添了一些远古、神秘的色彩。

> **小测试**

1. 古埃及首饰的材料归纳起来主要有（　　　）、（　　　）和（　　　）三大类。
2. 在古埃及法老头饰中经常看到（　　　）的纹样，因为它有特殊的寓意，象征着繁殖力和来生。
3. 请列举三个以上古埃及的象征性图案纹样。
4. 请简述古埃及项饰的发展特征。

第三节　古希腊罗马首饰

古希腊的碧水蓝天、宜人的气候，以及自由民主的制度环境都促使当时的人们疯狂地追求美的艺术，富有想象力的希腊神话是艺术灵感的源泉。工匠们在首饰上冷静地雕琢着，不容许一丝的失误，对人们而言，不美是一种罪过。

古希腊罗马时期也可以看作欧洲古典艺术时期。希腊、罗马不分家，两者共同成就了古典文明的辉煌。当时的首饰艺术也是如此，希腊时期的首饰在款式及制作工艺上的创新可以说达到了极致，黄金首饰更是美轮美奂。罗马首饰制作的款式、工艺、风格则完美承袭了希腊首饰的诸多特点，同样也涌现出了大量的精品力作。

一、古希腊首饰

古希腊首饰的制作灵感常来源于大自然和神话故事。在神话里，某些神也同特定的植物联系在一起。希腊古典时期和希腊化时代是古希腊首饰发展的典型时期，这两个时期的首饰与其他阶段的首饰相比有一定的特色。

（一）希腊古典时期首饰

公元前5世纪末至公元前4世纪属于希腊古典时期。古典时期的首饰多采用自然元素制作，同时金银累丝工艺常用于制作图案，珐琅镶嵌工艺更为流行（图2-20、图2-21）。

图 2-20　长春花花蕾项链

图 2-21　金质花冠

图 2-20 展示的是长春花花蕾项链。这条项链因其素朴之美和组成部分的不同寻常而著称。它由 42 朵长春花花蕾组成,其间点缀着 34 颗小巧简单的球状小珠。其造型为:长春花花蕾和串珠都由两个对半薄金片制作而成,花蕾悬挂在横向穿过球状小珠的管上,然后再与串珠一起穿在绳子上。

图 2-21 展示的金质花冠制作于公元前 350 年左右。这是一顶有叶子和果实的金质长春藤花冠,一般在祭祀、仪式和宴会等特殊场合佩戴。只有贵族和富人才有资格佩戴金质花冠。

图 2-22　饰有爱神的圆盘状耳环

到了公元前 4 世纪中期,耳环的数量激增,并首次挂上了人形垂饰,这种风格成为之后希腊化时代的典型风格(图 2-22)。与之同风格的精致项链也开始出现,上面挂有橡果、鸟首和人首等形状的垂饰。

图 2-22 展示的是饰有爱神的圆盘状耳环。这对耳环在整个古希腊时期都是一种非常流行的样式,因为它融合了吸引人的主题和复杂的工艺。其造型为:长有翅膀的爱神厄洛斯有着孩童般的小圆脸,挂在呈均匀颗粒状的圆盘下面;这里的圆盘有三个同心的金圈,在内部有着颗粒感的部位上焊接着小三角珠,而且所有的小三角珠都固定在凸起的外圈上;厄洛斯的体态匀称,腿部是实心的,但上半部中空,以便与单独制作的金翅膀相接。耳环的细节制作精巧,翅膀上的羽毛和面部特征细致入微。在希腊神话中,厄洛斯是阿芙洛狄特的儿子,也是爱情的使者。在这件展品中,他手拿小纸片(也许是封情书)的造型使得整个耳环展现出了独特的女性魅力。

(二)希腊化时代的首饰

公元前 330 至公元前 30 年是希腊化时代。在进入希腊化时代后,黄金饰物的数量再次增加,工匠的专业知识也更加丰富。在宝石材料中,石榴石开始被大量地运用到首饰制作中,来自埃及的绿松石、紫水晶和来自红海的小珍珠,在公元前 2 世纪至公元前 1 世纪时也开始被使用。

这一时期新的首饰样式开始出现,饰品的体系很快发生了极大的革新,这场革新的影响力持续了两个多世纪。主要的革新发生在首饰的三个领域：新装饰主题、新首饰样式和新首饰品种。

1. 新装饰主题

希腊化时代之初首饰装饰品中出现了赫拉克勒斯结，这种结直到罗马时期都很受欢迎。赫拉克勒斯结最初可能来自埃及，是古埃及人的一种护身符，其历史可以追溯到公元前2000年（图2-23、图2-24）。

图2-23展示的可能是一条头带的一部分，制作时间可以追溯到公元前3世纪。它是由三条螺旋的黄金带构成的，中间的一条装饰着花形图案，正中的平结装饰着珐琅，还镶嵌了一颗磨圆的石榴石。

图2-23　公元前3世纪头带

图2-24展示的是一个头带的中间部分，制作时间可以追溯到公元前2世纪。其平结上镶嵌着石榴石，旁边的方形黄金上装饰着珐琅和金丝。

图2-24　公元前2世纪头带

这一时期还有一种新月形装饰式样，早在公元前8世纪至公元前7世纪的时候就从西亚传到了希腊。在西亚，新月形首饰被视为月神的圣物，具有久远的历史；而在希腊，它常作为项链中的垂饰出现，不仅具有装饰作用，同时也可充当护身符（图2-25）。

图2-25展示的是一条项链，制作时间为公元前2世纪，它的新月形垂饰上装饰着金丝，镶嵌着石榴石。

图2-25　新月形项链

2. 新首饰样式

在这一时期，希腊首饰中出现了一种全新的样式：带有兽首或人图案的耳环。它们直到罗马时期仍非常流行（图2-26~图2-28）。

图2-26展示的是饰有酒神女祭司头像的耳环。这类饰有酒神女祭司头像的耳环，在地中海东部的大部分地区，尤其是在叙利亚，流传甚广。其造型为：酒神女祭司的头是用两片对半金叶制成；耳环制作追求面部特征和头发的细致入微，采用了金丝细工加工工艺制作背后头发和用长春藤叶子编织的花环；后排的长春藤叶子和女祭司的眼睛上镶嵌着彩色的珐琅釉，使整个制品显得活泼生动；以复杂的螺旋金银丝细工工艺装饰衣领。

图2-27展示的是一款狮头形耳环，复杂的制作技巧和精致的手工使得这对耳环成为广受人们喜爱的类型代表。其造型为：狮子头和鬃毛由金属薄片制成；将扭结的金丝缠绕在

金片制成的金管外面,制成耳环;以珠状金丝分界狮子的颈部,并用螺旋形的金丝和叶子装饰;以彩釉涂层装饰眼睛,创造出一种漂亮的亮光反差效果。

图 2-26　饰有酒神祭司头像的耳环　　图 2-27　狮头形耳环　　图 2-28　饰有猫和酒瓶的耳环

图 2-28 展示的是饰有猫和酒瓶的耳环,比起常见的狮子或公牛头来,很少见到由两个对半金片制成的山猫头。工匠师把薄薄的金片紧紧地包在青铜模子上,然后再通过精雕细刻来表现细节。其造型为:耳环由扭成螺旋状的金丝构成,单双交织,逐渐变细成一条线,勾入山猫嘴下面的一个圆环中;在耳环下面增添一个双耳瓶坠,它是由卵形石榴石珠和镶嵌在两端的颗粒状金饰帽组成的;瓶坠的顶端是两个涡形长柄,最下部的尖底处有一个绿色小玻璃珠,在瓶底部的下面原来也可能另外挂着其他的坠饰,但现在均已从两只耳环上丢失,变成辫状的金链围绕着双耳瓶坠,一起挂在耳环箍上。

3. 新首饰品种

这一时期人们也开发出了新的项链品种,带有动物头装饰或银币的项链最为流行(图 2-29、图 2-30)。

图 2-29　狮头垂饰项链　　　　　　图 2-30　银币垂饰项链

图 2-30 展示的是银币垂饰项链,在整个古希腊罗马时代,铸币已被用于制作珠宝饰品的配件。这条项链以扭结的金线箍串连着 26 颗石榴石,中间挂着金线镶边的银币吊坠。银币正面是希腊化时代国王安条克二世(公元前 286 年至公元前 246 年)的肖像,背面是一位呈坐姿的神像。从整体看,这条项链是把真正的铸币与首饰结合在一起的早期范例。

当时最重要的技术改革,就是启用了镶嵌宝石和彩色玻璃的彩饰法(图2-31)。

图2-31展示的是一枚蛇饰透雕戒指。其造型为:由两根金丝扭成箍状,环绕在宝石戒指周围,然后在金丝末端做成两对蛇头形;在箍的底部,金丝相接的地方有由小金粒组成的圆形装饰;椭圆形的戒面以更细的双绞线为界,中间的石榴石镶在一个精心制作的有颗粒感的底座上;嵌在金质串珠环绕中的梨状石榴石,又被焊在两对蛇头连接处的中间。

图2-31 蛇饰透雕戒指

二、古罗马首饰

最初,古罗马首饰无论是在造型上还是在制作工艺上都承袭了古希腊的文化传统。随着时间的推移,罗马时期的首饰造型风格由奢华精致转变为简单朴素。罗马人的首饰形状大多是简洁的圆盘状和球体形状,这种圆形设计符号与罗马建筑形式有异曲同工之妙。

图2-32 金属镂雕制品

(一)古罗马首饰材料

古罗马初期的首饰基本上都由黄金制成,但到这个时期末,由于宝石镶嵌技术的进步,宝石获得了越来越多人的喜爱,并被大量地用于装饰中。此时,古罗马人首次使用钻石,并将未经切割的钻石直接镶嵌在饰品中。

(二)古罗马首饰制作工艺

古罗马首饰制作工艺相当精湛,尤其是在古罗马后期出现了一种很受欢迎的金属镂雕制品(图2-32),罗马人称为"镂花细工",其图案是用小凿子在金片上镂刻出来的。这种图案花边的镂雕效果能凸显出黄金的质感,体现了制作工艺的创新性。这种工艺后来在拜占庭首饰中得到了长足发展。

(三)古罗马首饰类型

1. 戒指

据传古罗马人率先将戒指当作订婚和结婚的标志性首饰。戒指是古罗马最流行的首饰,男人和女人手上戴一个或多个戒指的行为被广泛接受。戒指由轻薄的金条制成,镶宝石戒指寓意对人们的美好祝福。佩戴动物造型的宝石的装饰方法源于古希腊,在当时极为流行(图2-33)。

2. 耳饰

耳饰在古罗马装饰品中也相当普遍,材料多为黄金。当时流

图2-33 戒指

行两种款式的耳饰：一种是半球形的圆盘状耳环，制作材料是没有任何修饰的朴素黄金；另一种是吊灯状耳环，一块镶嵌在黄金里的大宝石，其余的小宝石悬挂在下面（图 2-34）。这两种款式的耳饰既展现了古希腊首饰风格，又融合了古罗马首饰风格。

图 2-34　古罗马耳饰

3. 项链

当时的项链多以金属长链的形式出现，长 30～40cm，甚至更长（图 2-35、图 2-36）。它由金线经过精加工制成，可以在脖子上缠绕数圈，也可以垂放在胸前用球饰固定，球饰上还装有坠饰。此外，珍珠项链、水晶项链在这个时期也已出现。

图 2-35　古罗马项饰　　　　图 2-36　镂空圆盘金项链

图 2-36 展示的是一条镂空圆盘金项链，项链的链子是由互相嵌合的环套结串联而成的，这种技术使链子更加牢固，并且外观粗糙、结实。末端是由瓦楞形薄片与盒状物构成的。项链中心的镂空圆盘是轮状的，但轮辐做成了月牙形，因此形成两种饰形，一种象征太阳，另一种象征弯月，都是古老的天文图形。

4. 手镯

这一时期的手镯与其他首饰一样，多以动物造型出现，尤其是蛇形最多，大多都由黄金材质制成，成对出现，造型生动，做工精细（图 2-37）。

第二章　外国古代首饰

图 2-37　手镯

小测试

1. 古希腊首饰的制作灵感，来源于（　　　）和（　　　）。
2. 希腊古典时期（　　　）工艺最为流行。
3. （　　　）时代，石榴石开始被大量地运用到首饰制作中。
4. 化时代之初，首饰装饰品中出现了（　　　）结，这种结直到罗马时期都很受欢迎。
5. 希腊化时代人们开发出了新的项链品种，带有（　　　）或（　　　）的项链最为流行。当时最重要的技术改革，就是运用了（　　　）和（　　　）的彩饰法。
6. （　　　）首次使用未经切割的钻石，并将原石直接镶嵌在饰品中。
7. 罗马人的首饰形状大多是简洁的（　　　）状和（　　　）状。
8. 古罗马的首饰制作工艺也相当精湛，在古罗马后期出现了一种很受欢迎的（　　　）制品，罗马人称为（　　　）。
9. （　　　）是古罗马最流行的首饰，据传古罗马人率先将戒指当作（　　　）和（　　　）的标志性首饰。
10. 古罗马的项链多以（　　　）形式出现。
11. 请简述希腊化时代的首饰发展特征。

第四节　西欧早期首饰

早在公元前 4000 年，巴尔干半岛上的农业部落就已经掌握了成熟的金属加工技术。不过多数首饰依然采用传统的贝壳、兽牙等材料制造，只有为数不多的简易小饰物采用了薄铜和黄金制作。金属加工技术从这里慢慢向西流传，该技术传至不列颠群岛后，那里丰富的黄金资源被利用起来，促使当地出现了佩戴大量金饰的风潮。

当时首饰制造最初较多使用黄金和铜，但是后者很快被更富弹性的锡铜合金——青铜所取代。西欧早期首饰主要有手镯、项圈、胸针。

一、手镯

青铜制品必须经过熔炼铸造,而制作精致物品所需的复杂浇铸技术那时候还没有发展起来,所以这种物质通常只能用来制作相对简单的东西(如斧子和匕首)。不过,也曾有人把制金技艺运用到青铜上,将青铜锭锤打成片,用来制作手镯和颈环(图2-38)。

图2-38展示的是一对"苏塞克斯环"。"苏塞克斯环"是一种特殊的手镯,反映出一种地域性的创新,当时华丽的装饰流行于欧洲的许多国家。"苏塞克斯环"的每一只手镯都是由一整根青铜条加工锻造而成,对折后的两头伸进中心圆环里。

西欧早期人们流行佩戴一种样式简洁的开口式手镯,大部分手镯都是青铜质地,但也有采用黄金、白银等材料制作的(图2-39、图2-40)。公元前5世纪至公元前4世纪法国东北部的香槟省,女人在两只胳膊上各戴一只手

图2-38 "苏塞克斯环"(手镯)

镯的装饰方法非常流行。不过到了公元前3世纪至公元前2世纪时,人们只在一只手上戴手镯的情形更为常见,但在这一时期的瑞士,人们除了戴成对的手镯,也戴成对的脚镯。

图2-39 金质手镯

图2-40 银质手镯

图2-39展示的是几种金质手镯,到青铜器时代晚期,手镯已经成为了英国和爱尔兰最重要的金质装饰品。这一时期的手镯常常被大量出土,兼具英国南部与爱尔兰的人文特征。

图2-40展示的是银质手镯,由几条银丝相互缠绕而成,其制作风格与我国少数民族的银质手镯十分相似。

二、项圈

欧洲早期的首饰中还有一种很典型的饰品——金属项圈,在一些坟墓或宝藏库中都有发现(图2-41~图2-43)。有的是非常简洁、无装饰的金属圈,也有的是一个由多条金丝扭制而成的精致项圈。

图2-41展示的这件金质项圈可能是一位贵族妇

图2-41 金质项圈

女的饰物。这类项圈或项环在法国以及德国的部分地区很普遍。这类饰物部分以黄金制作,但更多的是用青铜制作的。

图2-42展示的是一款带状饰环项圈。这是一个来自爱尔兰的展品,是用一根黄金细带扭制而成的。

图2-43展示的是一款银质开口项圈。

图2-42 带状饰环项圈

图2-43 银质开口项圈

三、胸针

欧洲早期还出现了一种常见的饰物,那就是被当作斗篷搭扣而戴在肩上的胸饰(图2-44~图2-46)。从爱尔兰到土耳其,到处都可见这种胸饰。这种胸饰大多是用青铜制作的,也有用黄金、白银和铁制作的胸饰。它们通常是经浇铸而制成的,弓部和足部大多饰有宝石。

图2-44 青铜胸针(一)

图2-45 银胸针

图2-46 青铜胸针(二)

图2-47 别针式胸针

图2-44展示的是约公元前400年制成的一枚青铜胸针。它由一枚骨质螺钉装饰,由金质螺栓连接,针扣处有雕刻的棱纹。这种款式曾广泛流传,甚至在英国和奥地利等地都有发现。

图2-45展示的是公元前5世纪至公元前4世纪制成的一对胸针中的一枚银胸针。

图2-46展示的是一种样式特别华丽且稀少的胸针。这枚胸针是用青铜打造的,制作

时间约为公元前1世纪中期。从图中可见,在弯曲的部分装饰了一只精致的鸭子头。这种胸针一般产自瑞士南部的阿尔卑斯山南部边缘、意大利北部和斯洛文尼亚西部等地。

图2-47展示的是一枚来自匈牙利的大胸针。它比同时代外形差不多的青铜或铁质的胸针要大得多。可以想象,当它别在身披斗篷的人的肩上时是非常显眼的。别针式胸针是欧洲铁器时代人们在胸针制作方面的创新之作。这枚胸针大约是在铁器时代末期制作的,当时罗马帝国已经扩张到中欧。这枚胸针的独特之处在于它的两面都有生动形象的动物图案,一面是一条鱼或者海豚,另一面是一条蛇或者鳗鱼。

小测试

1. 西欧早期首饰主要有(　　　)、(　　　)和(　　　)。
2. 西欧早期流行佩戴一种样式简洁的(　　　　　)手镯,大部分手镯都是(　　　)质地。
3. 欧洲早期还出现了一种常见的饰物,那就是被当作斗篷搭扣而戴在肩上的(　　　)。它们通常是经浇铸而制成的,(　　　)和(　　　)大多饰有宝石。
4. 请简述欧洲早期的项圈形式。

第五节　中世纪时期首饰

史学家一般把公元476年至公元1453年称为欧洲中世纪,即欧洲的封建社会,同时也称中古时期。提到欧洲中世纪,人们往往认为这是一个黑暗、野蛮、落后、停滞的时代,在这个时期基督教对欧洲中世纪文化起支配作用,因此在此期间的各种文化都染上了浓厚的宗教色彩,首饰文化也不例外,带有明显的宗教饰品风格。

中世纪人们更注重衣饰和发饰,因此在此期间所留存下来的饰品通常被佩戴在衣服上,金银、宝石分别与丝绸、麻布和织锦等搭配。这个时期的男人和女人都佩戴胸针、戒指、腰带扣或帽子,胸针成为当时人们必不可少的饰物,而古希腊罗马时期流行的项链、臂环在中世纪早期却很少出现,直到中世纪后期,一些低领又贴身的衣服出现以后,人们才开始佩戴项链。中世纪首饰制品的明显特点是将珐琅工艺和宝石镶嵌工艺结合运用,首饰做工非常精致。

一、胸针

环形胸针在中世纪首饰中最为普遍。这种胸针常用的装饰方式有两种:一种是雕刻铭文,另一种是镶嵌宝石。到了14世纪,环状胸针的款式变得更多样化,有些带有立体的装饰,有些则打破了固有的圆环形状,出现了四边形和心形,心形胸针作为恋人之间的礼物尤其受欢迎(图2-48~图2-50)。

图2-48展示的是一枚来自爱尔兰的铜合金环形胸针。它的制作时间大约在公元7世

第二章　外国古代首饰

图 2-48　铜合金环形胸针　　　　图 2-49　银质镀金环形胸针　　　　图 2-50　心形胸针

纪,装饰有红色珐琅,圆形彩色玻璃镶嵌其中,在环部和针部的背面都刻有装饰图案。在整个基督教时代,环形胸针是主要的胸针样式,从早期的简单样式一直发展到奢华样式。

图 2-49 展示的是一枚爱尔兰风格的银质镀金环形胸针。它的制作时间大约在公元 8 世纪。在它的整个环部都密集地覆盖着雕刻图案,原装饰物上有琥珀和蓝色的玻璃,动物装饰、交织图案和玻璃镶嵌显示出当时的饰品风格。

二、坠饰

中世纪的人们常以各种精致的坠饰装饰领口或衣服的其他部位。中世纪坠饰做工精细,主要有两种形式:一种是具有宗教意义的"马耳他十字形"坠饰,多为黄金、珐琅制品;另外一种则是具有立体感的宫廷首饰——圣物盒,在盒身上有装饰纹或镶嵌的宝石,盒内常绘有珐琅画,描绘朝拜圣母、圣母进殿、逃亡埃及、基督降架、基督受难等场面,色彩丰富,类似我国藏族的"嘎乌"(图 2-51)。

(a) "马耳他十字形"坠饰　　　(b) 黄金镶宝项链　　　(c) 圣物盒

图 2-51　坠饰

三、戒指、带扣

这一时期的戒指、带扣等饰品同样带有宗教色彩(图 2-52~图 2-54)。带扣主要是当时男子的专用腰饰,其功能结构类似我国早期的带钩。

图 2-52 展示的是英格兰王后的戒指,大约制作于公元 9 世纪中期。这枚戒指是非常特别的幸存物。戒指上装饰的"上帝羔羊"的图像象征救世主耶稣,被安放在一个十字架图案中心的圆圈里。

图 2-53 展示的是一枚黄金带扣,带扣上镶嵌了石榴石和玻璃并装有金丝,大约制作于

图 2-52　英格兰王后的戒指

图 2-53　黄金带扣

图 2-54　英格兰带扣

公元 7 世纪。带扣中间的饰板上有一个扭曲的动物图案。在公元 6 世纪至公元 7 世纪,只有社会等级较高的男人才能佩戴这种带有装饰物的带扣。

图 2-54 展示的是一枚来自英格兰的带扣,大约制作于公元 7 世纪。这个带扣非常特别,带扣的正面非常明显地装饰着一条金鱼,这是众所周知的基督的象征。它的全称是"基利斯督"。另外,在带扣的背面有一个空洞,被一块可抽拉的装饰板挡住,可能是用来放置死者的一点小的个人遗物。

小测试

1. 中世纪首饰带有明显的(　　　　)风格。
2. 中世纪受装束的影响(　　　　)成为当时人们必不可少的饰物,多为(　　　　)形。
3. 此时期的首饰制品的明显特点是将(　　　　)工艺和(　　　　)工艺结合运用,首饰做工非常精致。
4. 当时(　　　　)是男子的专用腰饰,其功能结构类似我国早期的带钩。

第六节　文艺复兴时期首饰

文艺复兴是指发生在 14 世纪至 17 世纪的一场反映新兴资产阶级要求的欧洲思想文化运动。中世纪晚期,首饰就逐渐失去了浓厚的宗教色彩和神奇的护身符意义。与中世纪相比,这时期的首饰无论是在类型上还是款式上都有很大的改变。

文艺复兴的装饰艺术似乎也进入了身体、服装和饰品三者关系和谐的一段时期,多为黄金、珐琅、镶嵌制品,做工非常精美。

一、项饰和耳饰再度流行

文艺复兴初期虽然官方禁止"露出脖子和肩膀",但在15世纪的后几十年,衣领线仍在逐步地降低,最终低胸衣服随处可见。在古典时期非常流行而在中世纪几乎消失了的项饰和耳饰再度流行,相反一度无处不在的中世纪胸针则完全没有了用武之地(图2-55)。

(a)Albrecht Dürer之作　　(b)Raffaello Santi之作　　(c)Hans Holbein之作

图2-55　油画作品

原先藏在头巾、帽子和头饰下的头发,现在重见天日。女人们把头发梳起来并缠绕珍珠串,或者佩戴饰有贵重宝石的羽毛,美丽的脖颈由此展露出来,耳环(尤其是带有珍珠的耳环)重新受到欢迎(图2-56)。

(a)《戴珍珠头饰的夫人像》　　(b)《为私人画的女性肖像》
(Leonardo da Vinci之作)　　(Piero del Polayolo之作)

图2-56　油画作品

二、受巴洛克艺术风格影响的首饰

在文艺复兴末期,绘画、雕塑、建筑等艺术领域由"样式主义风格"渐渐发展为"巴洛克艺术风格"。这种艺术风格突破古典艺术的常规，不同于文艺复兴时期的高度写实，而追求华丽、夸张、怪诞和壮丽的表面效果，以鲜明饱满的色彩和扭曲的曲线，通过光线变化和动感塑造一种精神气氛，从而把现实生活和激情幻想结合在一起，创造出一种动人心魄的艺术效果。这种风格对当时的首饰也有一定的影响，人们常常将各种异型彩色宝石与珐琅、金属等搭配。此外，在这一时期的服饰中流行的蕾丝、蝴蝶结等元素也常常被用于首饰中（图2-57）。

图2-57 巴洛克风格首饰

三、精湛的首饰技艺

17世纪，各种宝石镶嵌技术、珐琅技术不断更新，日趋精湛，同时出现了很多技艺水平高超的微雕工匠。在金匠让·杜丹和他的儿子亨利的带领下，法国的黄金工艺发展出一项精妙的新技术，就是在黄金上以珐琅描绘微型人像，工匠通常还在绘有人像的金饰背面装饰用彩色玻璃描绘的微型场景和花卉（图2-58）。

图2-58 彩绘珐琅首饰

四、宝石切磨技术的发展

17世纪在宝石加工领域中人们发明了玫瑰形琢磨法。在这之前，人们认为黄金和珍珠最贵重，但当时欧洲首饰工匠采用宝石玫瑰形琢磨法以后，红宝石、蓝宝石等各种透明宝石终于开始露出"庐山真面目"，成为光彩夺目的贵重宝石。

此时的钻石不再是用来衬托色彩鲜艳的珐琅彩釉的"配角"，而是作为主石镶嵌在首饰的中央，同时宝石的爪形底座日渐轻盈简洁，这是首饰走向轻便小巧的开端。到17世纪末，钻石能够被琢磨出56个刻面，多角形琢磨法代替了只能琢磨出16个刻面的玫瑰形琢磨法，利用了钻石对光的反射和折射的特性，以达到最大的亮度并最大限度地释放火彩。到18世纪钻石在首饰制作领域中独占鳌头（图2-59、图2-60）。

以上介绍了外国各地域的典型古代首饰，这只是外国古代首饰的一部分。因为时代的变迁、人为的破坏，我们难以窥一斑而知全貌。但是，古代独特的首饰艺术风格对当代首饰行业发展仍具有借鉴意义。

图 2-59　镶彩宝坠饰　　　图 2-60　镶钻石、红宝石胸针

小测试

1. 文艺复兴时期，（　　　）和（　　　）再度流行，而中世纪无处不在的（　　　）已完全没有用武之地。

2. 17 世纪在宝石加工领域中人们发明了（　　　）琢磨法，（　　　）和（　　　）等成为光彩夺目的贵重宝石，到 18 世纪（　　　）在首饰制作领域中独占鳌头。

3. 请简述受巴洛克风格影响的首饰的特征。

第三章　外国近现代首饰

第一节　18世纪至19世纪首饰

18世纪至19世纪的中国正开始慢慢走向衰落,而此时的西方国家正处于资产阶级的萌芽和发展阶段,其文化艺术风格也随社会结构的变化而变化,由17世纪流行的巴洛克艺术风格到繁琐华丽的洛可可风格,再到19世纪的维多利亚风格,同样在社会文化影响下的首饰也呈现出不同的艺术风貌。

一、首饰材料革新

17世纪中期出现了制造人造宝石的行业,到了18世纪,人造宝石有了合法的交易市场,成为了一种新的首饰材料。随之而来的是冶金术的进一步发展,市场上开始出现各种材料的合金。在1800年至1820年间,合成的金属铜(锌含量为17%、铜含量为83%)成为了黄金的替代品,很快被贵族们接纳。这一时期的人们为后人创作了大量的"古董饰品",现今被人们永久珍藏。

二、首饰款式变革

18世纪上半叶的首饰轻巧精致,当时的工匠为了在首饰上凸显闪亮的钻石或其他宝石,将设计重点都落在了宝石本身,而将宝石镶嵌的底座所用材料尽可能减少。当底座材料质量被减至最低限度时,人们又采用底部透空的镶嵌底座,进一步减小首饰质量,这对饰品的结构和佩戴方式产生了很大的影响。

由于首饰加工技术精湛且高明,当时还出现了可自由拆装的珠宝饰品。这类饰品常常由几个彼此独立的部件组成,而这些部件又可以分别单独佩戴(图3-1)。

图3-1展示的是一套制作于1855年,带有橡树叶和橡果的枝状饰物,可变换佩戴。这件首饰包括三个彼此独立的部件,能以四

图3-1　可自由拆装首饰

种方式佩戴。纯金底座被小心翼翼地放在首饰盒内的丝绒垫子上,每个花枝组合在一起可以做成头饰。三个部件可以组合成一件较大的菱形胸饰,若组合成环状,则作为头饰佩戴。

三、流行的首饰

(一) Parures 首饰

Parures 首饰是指一整套首饰,类似现在的套件首饰,主要包括项链、梳子、头饰、王冠、发带、镯子、别针、耳环(垂饰耳环或钉扣耳环)、皮带扣(图 3-2)。

(二)浮雕首饰

18 世纪至 19 世纪浮雕首饰甚为流行,尤其是在维多利亚时期,因为维多利亚女王喜欢将浮雕宝石融入珠宝设计中,引领了浮雕首饰佩戴的风潮。人们尝试以化石、象牙、古瓷等不同材质制作的立体人物侧影浮雕,作为项链的垂坠或点缀手镯、发饰的装饰物,并结合精细的金工工艺、珐琅工艺及宝石镶嵌工艺制出高贵典雅的首饰饰品(图 3-3)。

图 3-2 Parures 首饰

(a) 象牙浮雕吊坠　　(b) 1840年蛇发美杜莎象牙浮雕黄金手链

图 3-3 浮雕首饰

(三)头饰

18 世纪 70 年代,西方人流行装饰头部,将宝石和鲜花穿成串扎在头上,而且尽可能使珠宝在头上高高耸起。皇室贵族一般佩戴各式各样的皇冠。国际知名珠宝品牌绰美(Chaumet)在 18 世纪末诞生,曾是拿破仑御用的珠宝品牌,早期主要是为法国皇室设计璀璨精致的珠宝首饰,其中皇冠就是它为皇室设计制作的精美华丽首饰之一。它的各项艺术精品皆完美地展现了拿破仑时代华丽高贵的首饰风格(图 3-4~图 3-6)。

(四)盘镶首饰

盘镶首饰在当时也叫作"宝石蕾丝"首饰。在维多利亚时期之前,贵族最常用蕾丝花边装扮服饰,展现女性的妩媚。1878 年巴黎珠宝展推出了满镶钻的镶嵌手法,使得盘镶首饰变得前所未有的精致玲珑,皇室名媛竞相佩戴。开始时人们使用五颜六色的有色宝石制作首饰,而后黑白色系的贵金属材质被大量运用。钻石与宝石织就的"宝石蕾丝"虽美艳四射

图 3-4　法国鲜花头饰

(a) 黄金珍珠玛瑙浮雕皇冠(Chaumet)　　(b) 1899年Harcourtr的皇冠

图 3-5　皇冠

图 3-6　约瑟芬皇后画像

确也昂贵无比(图 3-7)。

(五)哀悼首饰

哀悼首饰也称"黑色首饰"(图 3-8)。19 世纪,很多英国士兵远驻印度等殖民地,背井离乡,留在英国本土的亲属为战士佩戴哀悼首饰以寄托思念之情,而后演变发展的各类黑色材质与钻石或贵重宝石结合的设计一直是流行的主旋律。初期的哀悼首饰并不拘泥于任何首饰形式,随着哀悼的仪式增加,哀悼首饰被开发成当时的时尚饰品。在阿尔伯特王子死后,维多利亚女王就经常佩戴

图 3-7　盘镶首饰

黑玉首饰。产自英格兰北部的黑玉被设定为哀悼饰品材料。此外,在制作哀悼首饰时人们几乎将所有黑色材质都用上了,甚至包含一个死者所爱的人的头发。人们将头发打褶、扭转直到变成坚硬的螺纹状或编成辫子,嵌在小盒式样的吊坠里。

(六)钻石首饰

19 世纪 80 年代,由于英国在南非成功开采钻石,大量运用钻石的珠宝作品愈加丰富,再加上钻石切工越发精湛,因此由单色钻石组成的宝石一跃成为流行主力(图 3-9)。

(七)彩色宝石首饰

维多利亚时期盛世繁荣,宝石种类的开发和运用极为广泛,各种贵重宝石大量出现,结合维多利亚珠宝独特的工艺和优雅的造型,造就了一批丰富多彩的珠宝作品,在当时掀起一股全新的时尚风潮,并且影响至今(图 3-10)。

(a) 黑玉胸饰　　　　　(b) 小盒式坠饰　　　　　(c) 黑玉手镯

图 3-8　哀悼首饰

图 3-9　1870 年钻石手镯　　　　图 3-10　黄金镶蛋白石戒指

(八)花卉造型首饰

19 世纪 80 年代后期,也可以说是维多利亚中期以后,花卉图案开始流行,当时动植物的品类研究相当热门,因而引起了珠宝领域的共鸣。到所谓的维多利亚"艺术期",在艺术家罗斯金提出"重视自然形式"的思维方式引导下,人们甚至把"真正的花朵"像珠宝一样戴在身上(图 3-11)。

(a) 坠饰　　　　　(b) 胸饰　　　　　(c) 胸饰

图 3-11　花卉造型首饰

四、两种艺术风格影响下的首饰特征

(一)受洛可可艺术风格影响的首饰特征

洛可可艺术是 18 世纪产生于法国并遍及欧洲的一种艺术形式或艺术风格。由于这种华丽而繁琐的享乐主义形式受到了当时法国国王路易十五的大力推崇,因此人们又将这种艺术形式称为"路易十五艺术风格",由此产生了带有繁琐华丽的洛可可艺术风格的首饰。此种风格的首饰在构图上有意强调不对称,以鲜艳亮丽的色彩呈现不对称图案,并将彩色宝石与珐琅彩釉工艺完美整合,尽显富贵华丽(图3-12、图3-13)。

图3-12展示的是18世纪欧洲大陆制造的一件羽毛形钻石发饰,它也可能被用作帽饰。

图3-13展示的是18世纪欧洲大陆制造的镶有珍珠、钻石的胸饰,线条婉转,形体自然,带有明显的洛可可风格。

图3-12 羽毛形钻石发饰　　图3-13 珍珠胸饰

(二)维多利亚艺术风格

维多利亚艺术风格是19世纪英国维多利亚女王在位期间形成的艺术复辟的风格,它重新诠释了古典意义,综合各种艺术风格中的造型元素,表现一种华丽而又含蓄的柔美风格,这种风格对欧洲的各个艺术领域产生影响。维多利亚时期的珠宝造型奢华,充满设计感,镶嵌的钻石和彩色宝石让首饰变得精致玲珑(图3-14～图3-16)。此时的珠宝工匠采用了花卉、枝叶、稻麦、蝴蝶、蔓藤等设计主题,显现关注自然的美学形态,运用薄

图3-14 黄金镶宝手镯

薄的黄金镶嵌各种宝石。这个时期刚刚广泛应用的海蓝宝石确实让人印象深刻,复古设计的轻盈花式金丝覆盖在大颗的橄榄石上,凸显首饰的高贵、典雅。此种风格的首饰兼有古典风格的典雅、巴洛克风格的华美及洛可可式的华丽,给人们展示了一种典雅、高贵而恬静的美。现今人们对此种风格的首饰依旧喜爱。

欧洲18世纪至19世纪是首饰的重要发展时期,首饰制作商由开始的作坊慢慢发展为独立的珠宝公司并形成珠宝品牌,最终汇集而成正规系统的珠宝首饰行业。现今国际上许多知名珠宝品牌都在这一时期先后出现,如法国的Cartier(卡地亚)、意大利的Bvlgari(宝格丽)以及美国的Tiffany(蒂芙尼)等。如今他们已成为珠宝行业的龙头,并引领着珠宝行业的发展。

图3-15 雄鹿牙齿首饰　　图3-16 象牙浮雕烤漆首饰盒

> **小测试**

1.（　　　　）世纪,人造宝石有了合法的交易市场,成为了一种新的首饰材料。

2.国际知名品牌绰美(Chaumet)诞生于(　　　　),早期主要为(　　　　)皇室设计珠宝首饰。

3.18世纪末至19世纪前期的首饰深受(　　　　)和(　　　　)两种风格的影响。

4.洛可可艺术风格又称(　　　　)风格。

5.请简述18世纪至19世纪所流行的首饰。

6.请简述维多利亚艺术风格首饰的特征。

7.请列举诞生于18世纪至19世纪的国际知名珠宝品牌。

第二节　新艺术运动时期首饰

新艺术运动是19世纪末至20世纪初在欧洲和美国产生并发展的一次影响面相当大的装饰艺术运动。建筑、家具、首饰、服装、雕塑和绘画艺术都受到了它的影响,延续长达十余年。它是设计史上一次非常重要、具有相当影响力的形式主义运动。

一、新艺术运动的艺术特征

新艺术运动受19世纪80年代初的威廉·莫里斯(William Morris)等艺术家发起的"英国工艺美术运动"的影响,推崇精工制作的手工艺,提倡从自然形态中吸取灵感,以蜿蜒的纤柔曲线作为设计创作的主要语言。藤蔓、花卉、蜻蜓、圣甲虫、女性、神话等成为艺术家常用的主题,表现出一种清新的、自然的、有机的、感性的艺术风格。

二、新艺术运动时期的首饰特征

受新艺术运动的影响,在珠宝设计中,较少使用贵重宝石,钻石往往只是起到了辅助性作用,而玻璃、牛角、象牙等因易实现预期的色彩和纹理效果,被广泛使用,这也是新艺术时期首饰制作的重要特征之一。艺术家对自然进行的生动而别具情趣的刻画,再加上工匠精湛的工艺技术,使首饰作品不仅在视觉上呈现出华丽的审美效果,并且还传递着内在的婉约气息。此外,从新艺术运动时期的首饰中可以看出,珐琅彩绘技术在首饰制作上被发挥得淋漓尽致,装饰感极强(图3-17)。

(a) 蝴蝶胸饰　　　　　　　(b) 天鹅坠饰

图 3-17　新艺术运动时期首饰

三、新艺术运动时期的首饰代表作

新艺术运动时期最有代表性的首饰要数勒内·拉利克(René Lalique)创作的首饰作品。他是法国杰出的新艺术运动时期的天才设计师,不仅设计珠宝首饰,还设计玻璃制品,如香水瓶、花瓶等。他在设计中应用大量写实的昆虫、花草、神话人物等形象,线条婉转流畅,色彩华而不俗,这也是新艺术运动时期艺术风格的独特之处。此外,当时的艺术家还有乔治·福奎特(Georges Fouquet)、查尔斯·迪罗西尔(Charles Desrosiers)、菲利普·沃尔夫斯(Philippe Wolfers)等(图 3-18～图 3-20)。

图 3-18　蜻蜓女人胸针　　　图 3-19　Charles Desrosiers 之作(胸饰)

(a) 花形链饰　　　　(b) 胸针　　　　(c) 蝶形胸针

图 3-20　René Lalique 之作

图3-18展示的是一枚蜻蜓女人胸针。它是勒内·拉利克最为著名的作品之一。精心雕琢的蜻蜓翅膀看上去极富一种透明的质感,展现了飘逸空灵的美感。用象牙雕刻的女性人体柔和精致,与蜻蜓的造型非常自然地结合在一起,这种出人意料的组合不仅让人产生神秘的遐想,同时带来一种别致的情趣。

新艺术运动时期的首饰最富有装饰性,同时也是独具一格的实用艺术品。但这类首饰因为手工形式太强而导致价格昂贵,普通大众消费不起。尽管如此,这场运动还是为后来现代主义首饰的发展立下不可磨灭的功劳。

小测试

1. 新艺术运动是19世纪末至20世纪初在(　　　)和(　　　)产生并发展的一次影响面较大的(　　　)运动。
2. 新艺术运动时期最有代表性的首饰设计师是(　　　),他在设计中应用大量写实的(　　)、(　　)、(　　　)等形象,线条婉转流畅,色彩华而不俗,其中(　　　)是他最为著名的作品之一。
3. 从新艺术运动时期的首饰中可以看出,(　　　)技术在首饰制作上被发挥得淋漓尽致。
4. 请简述新艺术运动风格的概念。
5. 请简述新艺术运动时期首饰的特征。

第三节　装饰艺术运动时期首饰

新艺术运动发展到20世纪20年代至30年代时,追求表面效果的装饰风格已经变得过分矫揉造作,被人称作"浮夸的浪漫和造作的情感",于是装饰艺术风格应运而生。与此同时,第一次世界大战后新一代的劳动妇女群体出现,她们喜欢物美价廉的首饰,是追求时尚的主力军。

此外这一时期工业化生产发展迅速,促使首饰业的发展达到了前所未有的高度。欧美著名的首饰品牌,如卡地亚、宝格丽、蒂芙尼、绰美、萧邦(Chopard)等都大规模推广他们的首饰产品,其出品的首饰与装饰艺术风格紧密结合,推崇以几何造型为代表的简洁的设计理念,珠宝制作技术和设计水平也达到了前所未有的高度。

装饰艺术风格首饰基本上完成了珠宝从注重平面表现转变为以关注空间造型为主的过程,是现代首饰发展的开端。

一、装饰艺术运动时期的首饰特征

装饰艺术风格是20世纪20年代至30年代在法国和德国等国家流行的装饰设计思潮,为现代装饰艺术奠定了基础,对现代强调空间构成的珠宝设计产生了根深蒂固的影响。

这个时期的首饰风格以简单的几何图形和对比强烈的色彩为特点,当时追求创新的艺术型珠宝艺人受到了西班牙、法国的立体派画家的影响,开始把注意力转向了方形、长方形和圆形的几何图案,并制作了以此为基本结构的首饰。这种造型充分利用了特有的金属加工技术,即以见棱见角的特点来表现严谨和抽象的思维,表现出了现代主义艺术风格。

在装饰艺术运动时期首饰设计不再是对现实和自然的模仿,而是以图案构成和色彩配合为主要特色。设计师用正方形、长方形及圆形作为基本设计元素,设计风格简洁,创造了全新的钻石切割造型和镶嵌方式,并且强调高档宝石与中低档宝石色彩搭配的对比效果,将紫水晶、红珊瑚、海蓝宝石、青金石、翡翠、托帕石、玳瑁、玛瑙、祖母绿等混合使用(图3-21)。

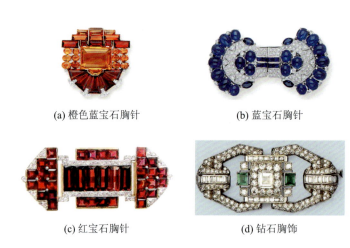

(a) 橙色蓝宝石胸针　　(b) 蓝宝石胸针

(c) 红宝石胸针　　(d) 钻石胸饰

图3-21　装饰艺术运动时期首饰(一)

装饰艺术运动时期,直线图案代表着摩登与时尚,人们通过鲜亮的色彩来表现珠宝首饰的体积和空间感。与新艺术风格相比,装饰艺术风格的一大进步就是运用了几何元素来构建珠宝结构并充分展现了包豪斯的工业设计理念。如果说新艺术运动时期的首饰是变相的绘画艺术的话,那么装饰艺术运动时期的首饰则是立体构成艺术的开端。新艺术运动向装饰艺术运动发展的过程就是首饰由平面向立体转化的过程(图3-22)。

(a) 萧邦耳饰　　(b) 1940年胸饰

图3-22　装饰艺术运动时期首饰(二)

二、装饰艺术运动时期的首饰代表

这一时期著名的专业珠宝设计师主要有法国人保罗·布朗茨(Paul Bronz)、让·富凯(Jean Foucquet)(其父亲是著名的新艺术风格的创始人乔治·富凯(George Foucquet))等,他们的创作在构图上基本是抽象的,创作特点表现在珠宝整体的效果和色彩的巧妙搭配中。在材料运用方面,这些大师常用铬、钢、铝代替传统的贵金属,以巧妙的金属加工技术凸显首饰五彩斑斓的颜色。以巴勃罗·毕加索(Pablo Picasso)等现代绘画大师为主要代表性人物的立体派对首饰设计产生了深远的影响。他们都亲自动手,设计制造了不少的珠宝首饰,并积极倡导使用简洁的线条和几何造型。此外,一些知名国际珠宝品牌的首饰也受装饰艺术风格的影响,给设计师们带去了无限丰富的创作启示(图 3-23、图 3-24)。

图 3-23　卡地亚几何形胸饰　　　　图 3-24　卡地亚胸针

三、装饰艺术运动时期的新型首饰材料

20 世纪 30 年代塑料首饰很受人们青睐,人们折服于它丰富的色彩,其造型特征恰好符合装饰艺术风格几何构造的要求。塑料首饰是这一时期首饰的一大特色,制造工艺多采用符合几何构造的浇铸成型法。此外,铂金在 20 世纪 30 年代末开始流行,明亮型、切割型宝石在这个时期最为常见,它们相互搭配使首饰产生出强烈的色彩对比,也使珠宝更充满梦幻般的变化。

小测试

1. 装饰艺术风格首饰基本上完成了珠宝从注重平面的表现转变为以关注(　　　　)为主的过程。
2. 在装饰艺术运动时期,(　　　　)在当时代表着摩登与时尚。
3. 装饰艺术运动时期的首饰深受(　　　　)工业设计理念的影响。
4. 这一时期的著名专业珠宝设计师主要有(　　　　)和(　　　　)等,他们的创作在构图上基本是抽象的,创作特点表现在珠宝整体的效果和色彩的巧妙搭配中。
5. 这一时期新材料的造型特征恰好符合(　　　　)构造的要求。
6. 这一时期贵金属(　　　　)开始流行,(　　　　)宝石在这个时期最为常见。
7. 请简述装饰艺术运动时期首饰与新艺术运动时期首饰的异同。

第四章　中外当代首饰

第一节　当代首饰特征

当代首饰艺术正在向一个多元化的方向发展，首饰已经不再是传统观念上仅用于装饰人体的饰品，它承载了更多的社会含义，首饰艺术的观念性和实验性的特征更为突出。随着社会的进步、女性意识的觉醒，每个人对首饰的追求不尽相同，不同款式、不同材质及不同佩戴功能的首饰应有尽有，主要体现在以下三个方面。

一、新材料的运用

在以人为中心的社会里，首饰不再是独立存在的物品，而是作为一个附属物与人相融合，参与人的各种社会活动，展示人的个性特点。在这种思想指导下，首饰的取材突破了传统首饰材料的要求（昂贵、精美），取而代之的是大量新材料的使用。比如，20世纪70年代典型的新材料亚克力纤维的使用，标志着当代首饰发展的一个新起点，此后不透明塑胶、复合玻璃、树脂、硬纸、铁、丝绸等都运用到了首饰制作中，让当代首饰尽显个性。至今仍有许多当代首饰设计师不断地尝试运用新材料、新工艺制作首饰以表达自己的设计理念（图4-1）。

(a) Adam Paxon的作品(戒指)

(b) Nel Linssen的作品(项链)

(c) Liv Blavarp的作品(项链)

图4-1　新材料在首饰中的运用

二、丰富生动的设计主题

"艺术和文化已经离开了象牙塔，成为我们社会生活的一个组成部分"成为20世纪80

年代艺术创作的座右铭。首饰的主题如同创作者奔放的思绪,野马般地冲破了传统的束缚,从具体到抽象,从古代到现代甚至未来,无不涉及。当代首饰设计主题倾向于更直接地表达人们的思想。人们所关心的全部社会内容都可以成为首饰创作的主题,首饰摆脱了单调的"豪华"和"财富"的印记,更符合艺术的语言表达方式,贴近现代人的日常生活。例如:以环保为主题的首饰呼吁大家保护环境;以叙事为主题的首饰传达设计师的内心情感;还有一些以纪念为主题的首饰,是设计师为了纪念一件事或一个人等所创造的首饰(图4-2)。

(a) Chris Giffin的作品
(皮尺项链)

(b) Robert Ebendorf的作品
(项链)

(c) Robert Ebendorf的作品
(胸针)

图4-2 主题首饰

三、首饰形式的突破

在佩戴首饰时,装饰人体的部位不再局限于传统的手指、手腕、颈脖、耳朵及胸部,而是随心所欲地发展到人体的其他部位,如:当脐上短装流行时出现了专为装饰肚脐的钉饰;当流行文眉、文唇时,街上悄然出现了点缀眉毛和嘴唇的眉戒和唇戒,甚至是颌戒和鼻戒;耳饰的位置也由耳垂向耳廓发展,数量增多。除此之外,当代首饰还与服饰、鞋饰组合共同演绎时尚生活。

首饰的外形和尺度不再拘泥于传统的格式,在戒指中出现了双指戒、腕指连戒等,设计师们还经常应用相关艺术形式来传达创作思想。此外,首饰的表面处理更加个性化,人们不再追求一致的、有序的抛光或磨砂工艺带来的表面效果,而是根据主题需要、材料特点采用不同的表面处理方法。创造性地应用各种不同的表面处理方法,以更好地表达作品的创意,这是当代首饰形式的一个重要特征(图4-3)。

(a) Dandi Maestre的作品
(头饰和臂饰)

(b) Maria Cristina Bellucci的作品
(双指戒指)

(c) Marina Sheetilkoff的作品
(双指戒指)

图4-3 新的首饰形式

第二节　当代首饰三大主流类型

面对现今社会的多元化,当代首饰主要有三大主流类型。一是个性艺术化首饰。设计师运用新型材料,传达自身的某种情感或表达社会中存在的某种观念等,其作品多呈现夸张、另类的造型,多用于展览、收藏或供少数人佩戴。二是定制首饰。一些国际知名品牌或个人工作室运用独特、稀有的贵金属及宝石,通过设计师的精密设计,呈现出高贵、典雅、装饰感极强的首饰,这些首饰多用于收藏或供人们在特殊场合佩戴等。三是大众市场商业首饰。设计师结合当代社会的市场需求,运用常规首饰材料,设计出用于大众日常佩戴的首饰。

一、个性艺术化首饰

个性艺术化首饰主要指设计师为了满足设计的需要,通过在新型材料的研发、首饰款式的创新、佩戴方式及首饰功能等方面的突破,设计出的能表达内心的某种情感或观念,使作品在视觉上给人耳目一新的感觉,并使人们产生一定的共鸣的首饰。在创作中设计师更多地把自己定位为启发思维的艺术家,刻意与传统首饰、大众时尚保持距离,用一种反主流的姿态表达个性。

西班牙超现实主义画家萨尔瓦多·达利(Salvador Dali)是一位具有非凡才能和想象力的艺术家。他不仅创作了大量的绘画作品,同时也给我们留下了大量的雕塑、珠宝和家具设计作品。在20世纪40年代至50年代,达利开始使用水晶、合金镀金等材料设计珠宝。他的首饰作品有极强的视觉冲击感,另类的设计传达了内心深处的感情(图4-4、图4-5)。

(a) 胸针《时光慧眼》　　(b) 胸针《红唇》

图4-4　Salvador Dali之作(一)

(a) "出血"的世界　　(b) 麦当娜的海蓝宝石　　(c) 红宝石心形胸针　　(d) 心形胸针

图4-5　Salvador Dali之作(二)

德国首饰设计师格尔德·罗斯曼(Gerd Rothmann)从20世纪70年代后期开始把人体铸件的方法引入首饰设计领域,在首饰作品中着重表现出对身体与情感的关注。他一直在探索珠宝与身体的联系,试图将一切伪饰和多余的装饰从首饰设计中除掉,旨在展示身体各部分的原貌。在这些作品中,他将身体的表面器官直接转化成首饰造型,如将鼻子、脚跟、手指、耳朵、锁骨等设计成手镯、戒指、耳饰、胸针和其他形式的装饰品,显示出超现实的效果(图4-6)。

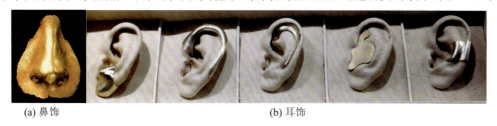

(a) 鼻饰　　　　　　　　　　　　(b) 耳饰

图4-6　Gerd Rothmann之作

哥伦比亚女设计师丹迪·梅斯特里(Dandi Maestre)收集很多废弃的树枝、石头、脱落的兽角、贝壳、断裂的兽骨等,对材料进行部分打磨抛光,使表面保留了兽骨的自然表面肌理,凸显自然的生态美(图4-7)。

(a) 项颈链　　　(b) 项圈链　　　　　　　(c) 戒指

图4-7　Dandi Maestre之作

杰奎琳·米娜(Jacqueline Mina)曾在英国皇家艺术学院学习珠宝设计,并于2000年冬获得"杰伍德奖"。米娜非常热衷于现代首饰设计,专门研究金属合金工艺,具有独具一格的艺术家眼光(图4-8)。

(a) 手镯作品(一)　　(b) 耳针　　　　(c) 项圈　　　(d) 手镯作品(二)

图4-8　Jacqueline Mina之作

设计师佩特拉·齐默尔曼(Petra Zimmermann)喜欢将古旧的首饰配件与色泽亮丽的合成塑料、少量金属结合在一起,形成各部件具有相互依托关系的首饰。她从不破坏原有旧物的形态与特质,而是将原有旧物与新材料重新结合,赋予作品新的内涵。齐默尔曼的作品颇具时尚风范,很容易吸引观者的视线,直接而明晰地传达出年轻一族对鲜活、率真的生活状态的追求(图4-9)。

(a) 手镯(一)　　　　(b) 手镯(二)　　　　(c) 胸针　　　　(d) 吊坠

图 4-9　Petra Zimmermann 之作

挪威设计师丽芙·普拉柏(Liv Blavarp)善于利用天然木材加工制作首饰。天然木材的加工技术要求低、采料较容易,经过专业的处理后,能产生丰富的肌理和独特的质感效果。她的首饰设计并没有完全跟随美国及西欧的设计风格,而是保留了很多原生态设计元素及民族文化特色(图 4-10)。

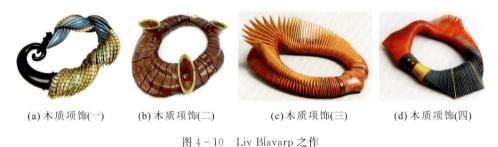

(a) 木质项饰(一)　　(b) 木质项饰(二)　　(c) 木质项饰(三)　　(d) 木质项饰(四)

图 4-10　Liv Blavarp 之作

荷兰女设计师玛丽亚·赫斯(Maria Hees)专门从事金属和塑料设计工作,通过塑料的特性,加上自己的装饰手法来展现首饰的空间立体感(图 4-11)。

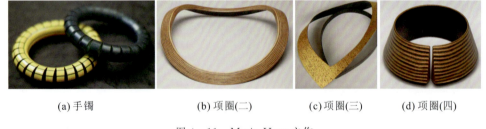

(a) 手镯　　　　(b) 项圈(二)　　　　(c) 项圈(三)　　　　(d) 项圈(四)

图 4-11　Maria Hees 之作

此外,设计师爱丽丝·博德梅(Iris Bodemer)、卡尔·弗里希(Karl Fritsch)将银及各种氧化金属与纤维、毛料、宝石等多种材料搭配进行首饰设计;设计师玛丽娜·西迪科夫(Marina Sheetikoff)将金属铌与黄金、银、不锈钢结合进行首饰创作;设计师玛丽亚·克里斯蒂娜·贝卢奇(Maria Cristina Bellucci)将彩铅元素融合到自己的设计创作中;设计师玛尔塔·马特森(Marta Mattsson)将古埃及圣甲虫元素与壁纸、兽皮、树脂、漆等材质相结合进行创作;设计师乔安妮·海伍德(Joanne Haywood)、德尼丝·雷伊坦(Denise Reytan)将彩线、塑料与其他材料结合进行首饰设计;中国设计师高源将废弃的金属铜与其他金属、宝石搭配,创作出个性鲜明的当代首饰(图4-12～图4-17)。

(a) 项链(一)　　(b) 项链(二)　　　　(a) 戒指(一)　　(b) 戒指(二)　　(c)戒指(三)

图4-12　Iris Bodemer 之作　　　　图4-13　Karl Fritsch 之作(一)

(a) 戒指(一)　　(b) 戒指(二)　　(c)戒指(三)

图4-14　Marina Sheetikoff 之作

(a) 戒指(一)　　(b) 戒指(二)　　(c)手镯

图4-15　Maria Cristina Bellucci 之作

(a) 项链(一)　　(b) 项链(二)　　(c)项链(三)

图4-16　Karl Fritsch 之作(二)

(a) 项链(一)　　(b) 项链(二)　　(c) 胸针(一)　　(d) 胸针(二)

图 4-17　Joanne Haywood 之作

二、定制首饰

定制首饰主要是指定制单件珠宝，设计师根据客户多方面的个性需求与独特的气质进行首饰创作设计，其中也包括高级珠宝定制，代表了人类对美、个性的极致追求。不管是在早期的西方还是在古代的中国，不管是面向百姓的首饰作坊还是面向皇室贵族的御用首饰商，设计师大多都是以首饰定制的形式来满足顾客的需求。随着工业的发展，首饰作坊已渐渐地转变为以"设计—制作—营销"为一体的珠宝企业，而定制首饰逐渐为少数人服务，如皇室、明星、名媛等。近几年来，随着珠宝产业的发展和人们需求的多样化，定制首饰再一次走进人们的视野，越来越多的设计师开设个人首饰工作室。例如国内设计师 Cindy Chao、Anna Hu、翁狄森（Dickson Yewn）、刘斐、林莎莎、万宝宝、陈世英等都成立了自己的珠宝品牌（见后文的阅读资料二），国际知名珠宝品牌也同样开展了首饰高级定制业务（图 4-18～图 4-21）。

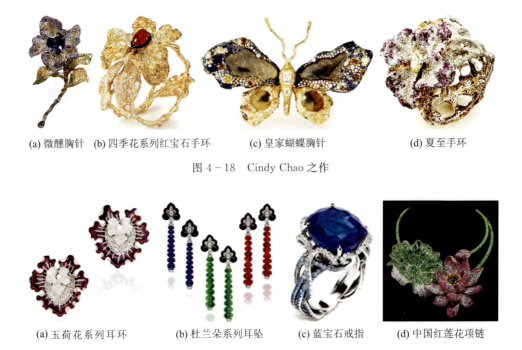

(a) 微醺胸针　　(b) 四季花系列红宝石手环　　(c) 皇家蝴蝶胸针　　(d) 夏至手环

图 4-18　Cindy Chao 之作

(a) 玉荷花系列耳环　　(b) 杜兰朵系列耳坠　　(c) 蓝宝石戒指　　(d) 中国红莲花项链

图 4-19　Anna Hu 之作

(a) 蝴蝶胸针　　　　　　　　(b) 项链　　　　　　　　(c) 胸针

图4-20　陈世英之作

(a) 翁狄森之作　　(b) 万宝宝之作　　(c) 刘斐之作　　(d) 林莎莎之作
　　(窗花)　　　　　(宝瓶系列)　　　　(戒指)　　　　　(手镯)

图4-21　国内设计师代表作

三、大众市场商业首饰

自传统的首饰作坊转变为统一的珠宝企业之后，伴随着国民经济的发展，人们对首饰的需求也越来越多，因而商业首饰在当今市场中占有很大的比例。商业首饰与大众市场联系紧密，多被批量化生产。商家通过制定产品的规划方案，确定材料、成本、工艺及目标消费群、市场区域等来进行首饰设计及研发。大众市场商业首饰款式单一，商家多运用大众所青睐的金属和宝石材料制作首饰。由于批量化生产，大众市场中抄款、仿款的现象很多，整个首饰市场陷入同质化怪圈。目前国内一些珠宝企业已经意识到这一问题，极力提倡原创设计，树立自己的品牌形象，这种改变将会使大众商业首饰市场迈向另一个新的发展台阶（图4-22、图4-23）。

周大福首饰　　　　　周生生首饰

图4-22　商业首饰（一）

(a) TTF爱巢系列　　　　(b) TTF梅兰竹菊系列

图4-23　商业首饰（二）

第三节　当代首饰所表现的几种艺术风格

当代首饰具有多元化的特征，设计师在进行首饰创作时结合古今中外各种设计风格并以自己的方式表达设计理念，因此当代首饰出现了多种风格并存的现象。

一、极简主义风格首饰

极简主义出现并流行于20世纪50年代至60年代。极简主义可以是一种流派，也可以指一种生活方式或设计风格，在设计语言上追求"极力简约"，主张把设计元素减至最少，去除多余的、繁复的表面装饰，批判结构上的形式主义，其目的在于以"最少"的手段获得"最大的张力"，在"有限"中体会"无限"。但是这些"少"并不意味着盲目的、单纯的简化，它往往是丰富的集中统一，是复杂性的升华。

极简主义风格首饰近年来一直方兴未艾，是后现代主义设计思潮引领下的代表性作品。极简主义来源于抽象表现，抽象的极简正是现代珠宝首饰设计的一个新的设计理念。极简主义风格首饰在材质运用、色彩组合、形态构成中遵循极简主义原则。

极简主义风格首饰的组成元素、成分或量块都不超过五个，一些特殊的题材例外。极简的概念还包括材料价值上的"极简"，现代珠宝材料可以是俯拾可得的物质，并一定特指传统的金、银等贵金属，这与极简主义本身追求"极力简约"的诉求相对应。例如，当代首饰设计师Vanessa Gade的作品就由一个简单的金属圆环或几何环加上几条简单的金属链组成；设计师Andrea Simic的作品，简单得仅由条状的金属组成，并用最简单的爪镶镶嵌宝石，造型非常简洁；设计师Batho Gündra的作品兼具独特的设计性和完美的功能性，有趣的元素和精湛的工艺赋予了项链自然性与生动性（图4-24～图4-26）。

(a) 项链（一）　　(b) 项链（二）　　(c) 耳坠

图4-24　Vanessa Gade之作

(a) 戒指(一)　　(b) 戒指(二)　　(c) 戒指(三)　　(d) 戒指(四)　　(e) 手镯

图 4-25　Andrea Simic 之作

(a) 项链(一)　　(b) 项链(二)

图 4-26　Batho Gündra 之作

二、装置艺术首饰

装置艺术是一种最自由、最彰显随意性、天马行空的艺术表现形式。它的张力正好能够与珠宝在制作和设计上的严谨形成鲜明的对比。

装置艺术是一种始于 20 世纪 60 年代的西方当代艺术类型,作为一种艺术门类,它与 20 世纪 60 年代至 70 年代的"波普艺术""观念艺术"等有着千丝万缕的联系。在短短的几十年中,装置艺术已经成为当代艺术中的主流。装置艺术是指艺术家在特定的时空环境里,将人类日常生活中的已消费或未消费过的物质文化实体进行有效选择、利用、改造和组合,以令它们演绎出新的展示个体或群体丰富的精神文化意蕴的艺术形态。简单地讲,装置艺术就是"场地＋材料＋情感"的综合艺术。

近年来,装置艺术在一定范围内对现代首饰设计产生了相当大的影响,西方的一些珠宝设计师运用集合艺术的概念,尝试适当地加工和组装一些俯拾可得的现成品,创造出一个全新的首饰面貌(图 4-27)。这里的艺术奥秘在于首饰设计师关注的已不是黄金、宝石或其他材质的本身价值,而是它们与普通材质的组合关系。装置艺术将各种物体在新的空间里集合成了统一、完整的形象,贵重材料在其中也许只起到了一种装饰的作用。

图 4-27　Anahi De Canio 之作
（胸针）

例如:美国设计师罗伯特·厄本朵芙(Robert Ebendorf)在设计首饰时经常采用的材料在大多数人看来是一些垃圾、废物,如打破的汤匙、生锈的电线、过期的报纸等;设计师卡尔·弗里希(Karl Fritsch)善于将废弃的铁钉等与金属重新组合;设计师迈克尔·戴尔·伯纳德(Michael Dale Bernard)的作品为人们呈现一种全新的构造美(图 4-28～图 4-30)。

(a)吊坠　　　　(b)胸针(一)　　　　(c)胸针(二)

图 4-28　Robert Ebendorf 之作

(a)戒指(一)　　(b)戒指(二)　　(c)戒指(三)　　(d)戒指(四)

图 4-29　Karl Fritsch 之作

(a)项链(一)　　(b)项链(二)　　(c)胸针(一)　　(d)胸针(二)

图 4-30　Michael Dale Bernard 之作

带有装置艺术情趣的珠宝设计内容及形式十分贴近人的生活,是趣味首饰的一个组成部分。它常常能打破艺术与游戏的界限,使珠宝首饰设计内容回归人们日常生活中所喜闻乐见的事物上来。

三、Wabi Sabi 风格

对 Wabi Sabi 的认识要先从理解日本传统文化、美学、世界观、思想哲学开始。我们可以从以下三个概念理解:首先是"都美",也就是受中国唐代影响的宫廷之美,推崇灿烂绚丽与金碧辉煌;其次是日本传统的"清美",这是一种受大自然启发的清新之美,特色是清爽、自然;最后是一种传统的"简约美",强调简单利落的造型。Wabi Sabi 的"侘寂美",是日本人在外来的"都美"与本土的"清美""简约美"等多种文化激荡冲突下的产物。

Wabi(侘)意指有残缺、不完美、有瑕疵、唯一的和偶然的,还蕴含闲寂、寂静和朴素之意。Sabi(寂)则是指时空作用于自然万物留下的痕迹,即经由我们的眼睛和心境,从残缺和偶然中看到的别样的美。简单地说,侘寂就是表现一种空虚寂寞的枯淡美,及其衍生出来的表现自然、反映自然、朴素不矫饰的美感。

这一对源于日本古典美学的词汇所阐述的哲学观念虽然与西方美学有本质的区别,但在表象上或观察事物的角度方面与极简主义和集合艺术有一些相似之处。Wabi Sabi 标榜的理念,近年来对现代设计领域有很大的影响,同时也为一些国际知名的珠宝设计师所推崇。

侘寂这一美学意识对现代设计的影响表现在以下两个方面:①追求用天然质朴的素材表现另类的风情和意境;②鼓励设计者运用身边不完美的环境和破碎残缺之物营造充满禅意的古典情境(图 4-31)。

设计师在搜集素材的时候以枯淡美的视角来观察身边的事物,认为一片枯树叶、一颗鹅卵石或一块斑驳的墙皮、树皮,在形态上都是独一无二的,都是有个性的,其中都蕴含着一种平实的美。他们认为通过这些具有平实美感的事物能够创造出平和、质朴、自然的珠宝首饰(图 4-32)。

图 4-31 合金锻造手镯

图 4-32 枫叶黄金手镯

设计师 Georgia Morgan 结合金属的特性,通过对金属作简单的处理来表现自然的生态之美,表现"简约而静寂"和"轻永恒、重瞬间"的艺术情怀(图 4-33)。哥伦比亚女设计师丹迪·梅斯特里(Dandy Maestre)收集了很多废弃的树枝、石头、脱落的兽角、贝壳、断裂的兽骨等,并将它们直接用于首饰装饰,体现自然的生态美(图 4-34)。

(a)胸针(一)　(b)胸针(二)　(c)胸针(三)　(d)胸针(四)　(e)耳坠　(f)手镯

图 4-33　Georgia Morgan 之作

四、新古典主义风格

新古典主义是指在古典美学规范下,采用现代先进的工艺技术和新材质,重新诠释传统文化的精神内涵。古典与现代完美结合的新古典主义风格起源于古典时代。

新古典主义首饰风格推崇古为今用的思想,将古今元素结合,以装饰效果的展现来增强首饰的历史文化价值。此风格的首饰不仅拥有典雅、端庄的古典气质,还含有时代特征。新古典主义在艺术形式创作中主要追求古典的神似,而不是笼统地仿古,更不是复古。因此,

图4-34 Dandy Maestre之作(手镯)

新古典主义风格首饰既带有古典、传统元素,又不失现代风格,是现代主义元素和古典主义风格完美结合的典范。

例如传统、古典元素在我们眼中可以是植物纹样、人物形象,也可以是明式家具洗练、流畅、朴素的线条,或是古民居窗牖的几何方格造型,甚至是唐代凸现建筑结构的装饰手法等。这些古典元素在首饰设计时都可以借鉴,但同时又要融入现代化的理念,将现代元素与传统、古典元素相互结合。如在香港知名首饰设计师Dickson Yewn的设计中,可见他一直对中国历史文化及艺术有千丝万缕的情意结。他的作品"窗花""景泰蓝""如意锁""剪纸"等将传统中国文化与当代珠宝艺术承传起来。还有国内设计师万宝宝、珠宝品牌Lan珠宝的作品设计也注重与中国传统文化相结合(图4-35～图4-37)。

(a) 景泰蓝系列　　(b) 如意锁系列　　(c) 牡丹剪纸系列

图4-35 Dickson Yewn之作

(a)《珠含玉露》　　(b)《玉兰腾芳》　　(c)《上善若水》

图4-36 Lan珠宝之作

第四章　中外当代首饰

(a) 宝瓶系列(一)　　(b) 宝瓶系列(二)　　(c) 宝瓶系列(三)　　(d) 手镯

图 4-37　万宝宝之作

当代首饰的发展是首饰发展的一个新阶段。回顾首饰发展的历史进程,在早期首饰发展一直体现在材料、技术和造型上的发展和演变,而当代首饰艺术却在首饰设计观念上有很大的突破。我们处在一个高速发展的信息化时代,人们之间的沟通将会变得更便捷、更高效。因此,当代首饰设计作为一种艺术形式将是多元化、开放式的,能够更加自由地探讨身体与饰品之间的关系,也能更加无拘无束地表达自我。

小测试

1. 20 世纪 70 年代典型的新材料(　　　　)的使用标志着当代首饰发展的一个新起点。

2. 流行于 20 世纪 50 年代至 60 年代的(　　　　)风格,主张把设计元素减至最少,去除多余的、繁复的表面装饰,这种风格的首饰在(　　　　)、(　　　　)和(　　　　)中遵循极简主义原则。

3. 装置艺术是一种始于 20 世纪(　　　　)年代的西方当代艺术类型,也被称为(　　　　)。

4. 新古典主义风格首饰既带有(　　　　)、传统元素,又不失(　　　　)风格。

5. 请简述当代首饰的发展特征。

6. 请简述装置艺术的概念。

7. 请简述 Wabi Sabi 风格。

第五章　中外民族首饰

第一节　中国少数民族首饰

中国有 55 个少数民族,大多都生活在边远地区,因地处特殊地理环境,他们具有崇尚自然、自由活泼、豪放洒脱等特点。各少数民族的人们都喜爱佩戴自己独特的首饰,其首饰造型、质地都与本民族的历史、宗教、审美息息相关,因此在长期的历史发展过程中,都形成了本民族独具特色、风格各异的首饰文化。根据其不同的文化特点,大致可以分为以下几类:居住在新疆、甘肃、宁夏等西北地区信仰伊斯兰教的少数民族的首饰,如乌孜别克族、塔吉克族、柯尔克孜族的首饰,呈现伊斯兰文化的风采;蒙古族、藏族首饰则显露游牧民族的特色;苗族、彝族、瑶族、壮族等的民族首饰则有明显的山民文化特色。

中国少数民族首饰极为丰富,特别是银饰制品,种类丰富、风格多样,55 个少数民族几乎无不佩银、挂银。我国少数民族首饰的种类主要有头饰、项饰、耳饰、腰饰、手饰、腕饰等,以下介绍各民族典型首饰。

一、少数民族头饰

中国少数民族是多彩的民族,每个民族所佩戴的饰品也是绚烂多彩的,尤其是头饰。少数民族自古以来就重视头饰,在大部分少数民族的思想观念中,头及头发是人体最神圣的部位,同时也是人的灵魂所在,从某种意义上讲他们的头部装饰同时也体现了各个民族不同的文化传统、宗教习俗、审美心理以及生存状态等。

少数民族头饰除了冠帽、巾帕之外,还有簪钗、梳、箍、环、泡、穗等发饰。头饰材料极为丰富,主要有银铜、珠宝玉石以及有特殊意义和审美价值的材料,如兽类的角、骨、牙、爪、毛,还有鸟羽、贝壳、花草、果实、竹木、藤麻、毛线、绒珠、丝穗等。

(一) 塔吉克族头饰

塔吉克族人长期生活在海拔高达 4km 的帕米尔高原,被称为"世界屋脊居民""离太阳最近的民族"。今天,大部分塔吉克族人居住在新疆维吾尔自治区,少数散居在昆仑山脉地区。

第五章　中外民族首饰

图 5-1　塔吉克族新娘的装束

塔吉克族的少女所戴的平顶帽是用紫色、金黄色、大红色的平绒精心绣制而成的,具体制作方法为:用金、银亮片或珠子编织成花卉纹样,装饰在帽檐四周,在前沿垂饰一排色彩艳丽的串珠或小银链(图5-1)。而已婚妇女戴绣花圆筒形羊皮帽,帽的后半部分垂有帘布,可遮及后脑和两耳。

点珠工艺是西北地区各民族所共有的金属饰物装饰手法,比较讲究的金属饰物都使用这种工艺来进行装饰。这种工艺将大小不一、粗细变化的银珠堆积成立体几何图形,用焊粉焊接固定后再配以花丝,可呈现一种特殊的风致(图5-2)。

图 5-2　塔吉克族头饰

(二) 蒙古族头饰

"蒙镶"是蒙古族首饰的具体体现,多运用包镶、花丝工艺将大量的珍珠、珊瑚、绿松石和琥珀用作装饰品,形成巧妙的搭配组合,整体图案和谐有致。蒙古族的首饰内容很丰富,体积较大,有大型的冠饰、大面积的璎珞等,用色对比强烈、造型粗犷,而做工十分细腻,将精致与粗犷、富丽与庄重完美地统一。

1. 蒙古族头饰的制作材料

(1) 红珊瑚。蒙古族妇女头饰式样繁多,变化丰富,主要以红色为基调,大量使用红珊瑚。使用红珊瑚是因为信奉萨满教的蒙古族人崇拜火,而火是生命力旺盛的象征。

(2) 绿松石。蒙古族头饰中的绿松石多与红珊瑚搭配,色差对比强烈。绿松石在蒙古代表着人们对辽阔草原的赞美。

(3) 白银。由于白色圣洁而高贵,如同洁白的哈达,因而用白银镶嵌珊瑚、绿松石的头饰是蒙古族人最为贵重的饰物(图5-3)。

图 5-3　蒙古族女子的装束

2. 蒙古族头饰的制作工艺

蒙古族头饰以花丝工艺成型，不做錾花，工艺十分精细，手法变化灵活。

(1) 细丝塑形法。这种工艺的制作步骤为：在塑造纹样时，将银丝绕成麻花状，压扁，使线边吐出均匀的小银珠；再以同样的方法制作一条细丝，将粗细两条花丝焊在一起并用这些花丝围成所要的花形，铺在需要装饰的部位（用砂焊即可），一般可在主纹部分左、右各焊一条细花丝，使主纹更具有立体感（图5-4）。

(2) 花丝立体缠绕法。这种工艺的制作步骤为：将花丝一层叠一层，一环套一环，以突显丰富的层次感。这种工艺是蒙古族头饰制作中的独有工艺（图5-5）。

图5-4　蒙古族头饰的一部分（一）

(3) 连珠缀叠法。这种工艺的制作步骤为：将小银珠用线串连起来，与珊瑚珠一起缀缝成纹样；再镶上几颗绿松石，强化色彩对比（图5-6）。

3. 蒙古族头饰的组成

蒙古族妇女的头饰在部落与部落之间均不一样，鄂尔多斯的蒙古族妇女头饰最具有代表性。这个地区的头饰非常典型，妇女用金银珠翠装饰满头，显得雍容华贵。蒙古族头饰主要由连垂和发套两部分组成。

(1) 连垂。它是已婚妇女脸庞两侧数条小辫上系戴的头饰。其具体样式为：用布缝成两个扁圆形或鸡心形的胎垫，下接黑色的长条辫套，辫套上绣有花纹或饰以金花银片，布胎垫上饰有密密的缀满珊瑚、玛瑙和镂花嵌玉的金、银饰品。

图5-5　蒙古族头饰的一部分（二）

(2) 发套。发套戴在头顶，与连垂相配套。发套上缀有12条挂串，用珍珠串和金银链做成中间长、两侧渐短的形状。两侧为流穗，由红珊瑚和绿松石及银链串成，华美的流穗从两颊一直垂于胸前；脑后则是护领屏风，也是用红玛瑙、绿宝石镶在金、银珠串上制成的。还有一些发套用翡翠和玛瑙镶饰，妇女还在发套上戴绣有"双龙戏珠"图案的礼帽，使整个头部除脸庞外全被金银珠翠所覆盖，更显华贵之气（图5-6）。

图5-6展示的是蒙古族妇女的头饰，该套头饰由八件套组合而成。该套头饰为银质，采用花丝工艺成型，盘丝曲绕，层次丰富，饰物上镶嵌的十几粒硕大饱满、色彩极为美丽的珊瑚珠，与雅致的白银及精巧的花丝产生强烈的对比，展现出蒙古族人民彪悍、豪放的性格和特殊的审美情趣。

图 5-6　一套完整的蒙古族头饰

(三)藏族头饰

藏族的装饰品丰富多彩,多用金、银、红珊瑚、绿松石、琥珀、蜜蜡、玛瑙制作。这些饰品做工细腻,精致的镂雕、錾花是藏族首饰的主要装饰工艺。

藏族的头饰具有典型的藏族饰品风格。藏族妇女以长发为美,因此尤其重视头发的装饰。藏族妇女的发型暗示了婚姻状况,如在头顶上的众多小辫中有一条主辫表示未婚,有两条主辫表示已婚。有些地区的中老年妇女剪光头发以示丧夫不嫁,60岁以后的老年妇女均剪短发,基本上不再佩戴饰品或只包头帕。

1. 藏族头饰的装饰形式

(1)辫发。古时候藏族妇女忌讳披发,认为那是妖女的发式,因此经常将头发梳理成辫发的形式,此种形式一直流传到现在。她们一般是 20～30 天洗一次头,每洗一次头就相约几个好朋友来帮忙编发(图 5-7)。

(2)辫套。藏族女子多将长发梳理成辫后装入辫套(也称"辫筒")中。这种辫套呈细长方形。它是妇女后背辫梢相连的装饰品,也是常见的一种藏族妇女头饰,多为绸缎质地,也有棉布质地,其长度自肩至膝盖处或与人身等长。还常见一种呈正方形或长方形的绸料图案短辫套。辫套带子上一般点缀了大小不一、数目不等的各种银牌、银盾、银币、珊瑚、玛瑙、蜜蜡等(图 5-8)。

2. 各地域的典型头饰特征

(1)卫藏地区的头饰。妇女盛装时戴一种扇形头饰,其具体样式为:用红色、黄色的锦缎做底,上面缀满孔雀石、珍珠等,扇面正中串由珍珠、珊瑚制作的珠帘垂至前额,珠帘末端悬挂片状银坠,犹如帝王冠冕上的"旒",同时还将另一扇形头饰搭于右肩上,更增加了服饰的美(图 5-9)。

(2)康巴地区的头饰。康巴男子在头发中加入牦牛毛编成饰有红丝线的独辫盘于头上,并戴红珊瑚或象牙发箍,红丝线穗垂于左耳侧。

图 5-7　藏族妇女辫发　　　图 5-8　辫套　　　图 5-9　卫藏地区女子装束

康巴地区的女性头饰最醒目。头饰的具体佩戴形式为：前额戴一颗镶有红珊瑚的黄琥珀，黄琥珀的两侧是成串的蓝色松耳石小珠，发套上的黄琥珀垂在臀部，长至小腿处，用银腰带束住（图 5-10、图 5-11）。

(a) 康巴女子装束(正面)　　(b) 康巴女子装束(背面)

图 5-10　康巴男子装束　　　　　　图 5-11　康巴女子装束

（3）安多地区的头饰（图 5-12）。女子头上戴辫套（辫筒）是这个地区头饰的典型特征。女孩子 16 岁后举行成人礼，16~18 岁姑娘的发饰称为"上头"，其佩戴方法是：先在头顶部挑出圆形"头路"，将"头路"内的头发分成九股并向后合编成一条大辫；再将头路四周的头发编成小辫，越有钱的人家发辫越细，辫数越多，待编完一圈后用针线将所有的小辫串起来；然后将串起来的小辫从脸部两侧拉到后颈，与头顶大辫相连的是一条长 60cm、宽 20cm 的叫"龙达"的胎板，其上钉有银泡，镶有琥珀、玛瑙。"上头"后的女子就可以自由接触男子了，出嫁时新娘要梳近百条小辫，常由四人帮忙梳理，花费三四个小时才能编出精美的辫子。

（4）嘉绒地区的头饰。嘉绒地区的妇女常戴名叫"一匹瓦"的头帕，与大凉山彝族妇女的头饰相似，只是头帕的花形不同。另外，年轻妇女多戴金银饰品和镶嵌珠宝的头箍，并缠于头帕中的发辫上（图 5-13）。

图 5-12　辫套　　　　　　　图 5-13　嘉绒地区女子装束

(四) 苗族头饰

苗族首饰缤纷多彩,以银头饰、胸饰为主。苗族的银饰已形成一套完整的装饰系统,它不仅是苗族人审美情趣的独特表现形式,同时还是富贵的象征。因此,用银饰来装饰自身,成为苗族人一种普遍的审美追求。除银冠之外,银饰的主要种类还有银牌、银压领、银花圈、银扁圈、手镯、指环、银花、银蝶、银披肩、银钮等,花衣上的银饰平时与花衣分开,到节日时才连缀为银衣。节日期间,姑娘们在闹市盛装出行的做法,苗族人称为"亮彩"。此外,苗族银饰的主要特征是以大为美、以多为美、以重为美。

苗族是一个古老的民族,也是我国支系最多的民族之一,清代史籍记载的支系就有 82 种。它保持了较为完整的古代习俗和古代文化形态。例如:苗族小孩仅留顶发;女孩到 15 岁时留长发,挽髻于顶,黄平地区的小女孩戴紫红色褶皱平顶绣帽;未婚女青年着盛装,戴银冠;已婚女子戴头帕。凯里、雷山一带的苗族少女盛装时满头戴银花,而已婚者则挽髻于顶,仅插银梳等少量银饰,老年妇女挽髻并包黑头帕等。

苗族的银头饰在我国少数民族中最为突出,本书将介绍几种具有代表性的银头饰。

1. 银角

(1) 施洞苗族纹银龙角。纹银龙角是施洞苗族银饰中一件十分有特色的重要头饰,盛装出席重要场合的姑娘们绝不能缺少这件头饰(图 5-14)。

施洞苗族纹银龙角出现较晚,最早施洞苗族银头饰的形式较为简单,头饰上只插四片小银片,而且是不錾花的素面银片,后来才受到其他苗族支系插龙角的影响,逐步形成施洞纹银龙角头饰。它通常都是选用上好白银,精雕细刻而成。现在施洞几乎每位姑娘都有一套银饰,而银饰的多少已转化成审美内容的重要外化形式。佩戴银饰以多为富、以多为美,成为这一地区的头饰特征。

(2) 雷山苗族大银角。大银角是雷山苗族的重要饰物,也是苗族众多银角中最大的银角。盛大节日时的姑娘们,头上必须要戴大银角参加仪典。银角上的装饰纹样,偶见外族影响的痕迹。大银角的纹饰采用錾花工艺制作而成,常被錾刻成浮雕状。人们常用的纹饰有

图 5-14　施洞苗族纹银龙角

双龙戏珠和双凤朝阳,錾刻工艺十分精湛(图 5-15)。

图 5-15　雷山苗族大银角

(3)白领苗族银角。此银角造型为:在两只对称的小银角中间插一块稍高如花瓶状的银片,呈"山"字形(图 5-16)。

图 5-16　白领苗族银角　　　　　图 5-17　银围帕

2. 银围帕

银围帕有两种类型：一种是将散件银饰固定在头帕上；另一种则是整体为银质，内衬布垫或直接固定在头上（图5-17）。

银围帕是施洞苗族独具特色的传统头饰之一，而且最为精致（图5-18）。其形式主要分为三层：上层为29个芒纹圆形银花；中层正中镶嵌圆形镜片，镜片两侧各有14位骑马将士纹样；下层为垂穗。银马围帕以骑马将士为主纹，辅以兵士们披盔戴甲、队列整齐、骏马蹄踏银铃的纹样，给人威武雄壮之感。

而贵州凯里舟溪苗族的银围帕是中间宽、两端窄。此种围帕常系于额际，颇似古代首饰中的抹额（图5-19）。

图5-18 施洞苗族银围帕　　　　图5-19 贵州凯里舟溪苗族银围帕

3. 银花冠

苗族的银花冠非常华丽，因地域不同其形式也有所不同，有围冠式、冠帽式等。人们常以花、鸟等自然元素为主题，运用花丝、錾刻工艺制作银花冠。其中黄平地区的苗族花冠最具特色（图5-20）。

图5-20 银花冠

图5-20中的最后一顶凤冠是用纯银打制，采用錾花和花丝工艺相结合的工艺制作，造型既丰满圆润，又精巧灵透。此凤冠以近300朵栀子花作为主要纹饰，栀子花圆瓣以花丝镂空，密集坠在凤冠上，形成一个生动的弧形。凤冠下围分别錾刻太阳纹、龙纹、凤纹、鱼纹、狮纹等，冠围下面还缀有芝麻花吊铃，每当姑娘佩戴走动时，便显得有声有色、楚楚动人。

4.银发簪

(1)银发簪钗。苗族银发簪钗的样式极多,题材多以花、鸟、蝶为主。从风格上来看,有的发簪纤巧细腻,有的古拙朴实,各具特色。如施洞苗族银凤发簪造型生动,凤头冠雄喙秀,凤颈常用银丝编织,质感极强。

图 5-21 展示的是施洞苗族的百鸟朝凤头钗。它是采用十分精巧的花丝工艺制成的,以双凤鸟为主纹,配上各种飞鸟、蝴蝶、花草,整个头钗高低变化,错落有致,层次十分丰富。

(2)银插针。银插针同属于苗族发簪,形式简单,类似民国时期汉族的银发簪。银插针的类型很多,有叶形银插针、挖耳形("一丈青")银插针、线纹镶珠银插针、几何纹银插针等,数不胜数。当它与其他特定的饰品进行整体组合,在特定的环境佩戴时,能充分展示苗族文化特色(图 5-22)。

图 5-21　百鸟朝凤头钗

(3)银网链饰。银网链饰属发簪类,主要装饰女子脑后发髻。典型的有坠鱼五股网链饰,由插针穿环固定,其形式如网张开,罩在髻后(图 5-23)。

图 5-22　银插针　　　　　　　　图 5-23　银网链饰

5.苗族银梳

苗族银梳的功能与我国古代梳篦的功能相似,既可梳发、压发,又可作为头部的装饰品,通常内为木质,外包银皮,仅露梳齿,非常精致。从工艺上来看主要分为以下几种。

(1)花丝银梳。图 5-24 中的银梳主要以花丝工艺为主,装饰的凤鸟、花草、鱼虫均用花丝立体叠缀,层次十分丰富。在贵州都匀地区,苗族姑娘将此当作头饰佩戴,插于脑后。

(2)錾花银梳。图 5-25 展示的是贵州短裙苗族银梳,造型十分奇特,梳背和梳的正面各饰两排锥状体,每排九个,长 4~5cm,并装饰连珠纹。据说这种锥状体在饰物中象征雷公闪电,具有避邪的功能,佩戴时常插于脑后。

图 5-26 展示的银梳装饰以七个錾刻的小菩萨为主纹,小菩萨为圆雕立体状,排列在梳脊上,下坠圆形錾花片及芝麻花吊坠,还有长短不一的银链条,佩戴在头上既为装饰,也为镇

图 5-24　花丝银梳

图 5-25　贵州短裙苗族银梳

崇驱邪。苗族姑娘多在过大节时佩戴这种银梳装饰。

（五）高山族头饰

高山族是个喜爱鲜花的民族，常常用鲜花装饰自己，除此之外还用珍珠、玛瑙、玉珠、兽牙、兽皮、兽骨、羽毛、花卉、铜银制品、钱币、纽扣、竹管等来装饰自己。排湾人和鲁凯人特有的贵族祖传宝物琉璃珠饰，是佩戴者身份、地位和财富的象征。新人结婚时需用高贵漂亮的珠子作为聘礼，才能显示其高贵的地位。排湾人和雅美人自制的竹梳和竹篦，一般宽约 8cm，上部握柄被雕成人头形、蛇形或鹿形等。

1. 阿美人头饰

阿美人分布在台湾东部沿海平原地带，是高山族群中人数最多的一支族群，头戴羽冠和能歌善舞是他们的最大特色。

图 5-26　银梳

阿美男子平时用黑布缠头、戴耳饰，在婚庆、祭祖等特殊活动中会盛装出席，头戴高大的白翎羽冠。阿美妇女着盛装时会佩戴用玛瑙及珍珠串成的头饰并在头顶装饰红色穗子（图 5-27）。

2. 泰雅人头饰

泰雅人居住在台湾中北部山区，把文身刺面作为成人的标志，此习俗已有数千年历史。他们认为文身可以辟邪，死后可作为辨认族人的标记。

泰雅男子在额前会纹竖立的带状纹样，并认为这种带状纹样是英雄的象征。泰雅妇女在额头纹一宽而直的竖条,双颊会纹两条斜"V"字形图案,这一纹样俗称"刺嘴箍",又叫"乌鸦嘴"。脸圆的少女将"刺嘴箍"纹在脸上后,脸更显修长,有明显的清秀感,这也是高山族传统审美观念的反映(图5-28)。

图5-27　阿美人头饰　　　　　　　　　图5-28　泰雅人头饰

3.赛夏人头饰

赛夏人居住在台湾新竹县五峰乡及苗栗县南庄两乡一带。赛夏男子在头部结饰带,赛夏妇女在头部结黑、白、红线编成的花额带或红布上钉有贝壳、珠串的额带(图5-29)。

4.排湾人头饰

排湾人分为排湾和塔罗塔罗两个亚族,前者居于该族分布区的中央部分,后者居于东海岸一带。排湾男子的冠帽极为富丽华贵,有的以自己猎获的兽皮做额带,带上饰以兽牙、珠串组成的圆形帽章,以象征太阳;有的则用兽皮做成皮帽,帽上插饰鹿角,以展示排湾人的勇猛或显示其贵族的身份。

排湾妇女在制作头饰时也很讲究,在珠绣的额带上装饰尖锐锋利的兽牙,使女性的温柔中显出刚毅,与服装上的白步蛇纹、人头蛇纹相辅相成(图5-30)。有的妇女以绒球、珠串、羽毛装饰女冠,并在冠后挂银坠,更显婀娜多姿。婚后的排湾妇女常戴黑头巾。

图5-29　赛夏人头饰　　　　　　　　　图5-30　排湾人头饰

二、少数民族项饰

少数民族的人们除了装饰头部以外,还非常重视装饰自己的颈部,尤其是在族内举行盛大活动穿盛装时,颈部的装饰更加绚丽。少数民族的人们佩戴项饰的习俗就像每天穿衣一样寻常,可以说已成为日常生活中不可缺少的一部分。其中有些民族以颈长为美,重视颈部修饰,如彝族。有些民族的颈部装饰常与头部装饰搭配使用,如苗族。

少数民族的项饰材质多为银,配有绿松石、玛瑙、珊瑚等宝石材料,同时也有其他材料,如兽类的角、骨、牙、爪、毛,鸟羽,贝壳等。项饰的种类繁多,最常见的类型是项圈、压领等,以下介绍各少数民族的典型项饰。

(一) 藏族项饰

藏族人重视装饰头部、胸部、腹部,因此藏族人的项饰形体都很夸张,从颈部一直垂到腹部,从佩戴的角度来看藏族的项饰也可以称为"胸饰"。

藏族人均采用未经打磨、修饰的自然形态的首饰材料制作项饰(胸饰)。他们常在胸前戴一串或多串红、绿、黄相间的宝石项链或饰有宝石的护身盒"嘎乌"(一种护身符),常用红珊瑚、琥珀、玛瑙、异形的绿松石制成的佩饰,给人以粗犷、原始之美。

1. 串珠项饰

这类项饰(胸饰)主要是由珊瑚珠、玛瑙、绿松石、琥珀制成,色彩丰富,是藏族男女经常佩戴的颈部装饰品(图5-31)。

图5-31 串珠项饰　　　　　图5-32 护身符项饰"嘎乌"

2. 护身符项饰

"嘎乌"是一种小型佛龛,通常制成小盒型,其形式为:龛中供设佛像,装有印着经文的绸片、舍利子或由高僧念过经的药丸,以及活佛的头发、衣服的碎片等。"嘎乌"的质地有金、银、铜三种,盒面上多镶嵌有玛瑙、松石,并雕刻有多种吉祥花纹图案(图5-32)。

男女所佩戴的"嘎乌"形式各异,男子一般佩戴方形"嘎乌",女子佩戴圆形或椭圆形"嘎乌"。人们佩戴"嘎乌"的方式也极为讲究,男子一般斜挂于左腋与左臂之间,女子则用项链或丝绸带将"嘎乌"套在颈上并悬挂于胸前,四品以上贵族则将"嘎乌"戴在发髻中,作为官位的标志。

(二) 苗族项饰

苗族项饰多与所戴的头饰配套,形式多样,不同支系有所不同。下面介绍苗族各支系典型的项饰种类。

1. 银压领

前文中提到汉族把这类饰物称为"长命锁",而苗族称为"压领"。贵州不同民族的人们都会佩戴银压领,只是形式略有不同,且都认为银压领为辟邪之物。其表面纹饰多按照本民族的社会观念和审美情趣来塑造,变化十分丰富(图5-33)。

图5-33 银压领

2. 银项圈

(1)贞丰苗族项圈。贞丰苗族项圈的纹饰带有古朴之风(图5-34)。据说贞丰苗族是在清朝雍正年间由黔东南地区迁徙到黔西地区的,他们至今还保持着从前的黔东南方言。在民族迁徙的过程中,往往远离族群的支系更注重在历史演化中保持原有的生活方式和文化形态,因为这是他们将来寻根的依据,是回到老祖宗那里的凭证。所以,仔细观察贞丰苗族的项圈纹饰,不管是龙凤纹样还是花卉草虫纹样都显得更古朴,历史感更强。

图5-34 贞丰苗族项圈

(2)从江苗族项圈。从江地区的苗族银项圈造型粗犷古朴。人们在制作银项圈时,不采用精细雕花工艺,而采用扭丝工艺,将银条扭成麻花状,使中部粗、两头细,呈现很强的节奏感。该地区的青年男女均戴银项圈(图5-35)。

(3)革一苗族项圈。革一苗族项圈主要有戒指项圈(图5-36)和扁丝项圈两种类型。

第五章　中外民族首饰

图 5-35　从江苗族项圈　　　　　图 5-36　革一苗族项圈

（4）施洞苗族项圈。施洞苗族项圈通常由龙骨项圈和龙项圈组成，也可以单独佩戴。其中龙骨项圈常用方形银丝烧成，其工艺十分复杂，是苗族最重要的项圈之一。而龙项圈是施洞苗族姑娘的重要饰物之一，苗族姑娘有时可以不戴头饰，但必须要佩戴龙项圈。人们多采用錾花工艺制作龙项圈，用高浮雕的刻法进行錾刻，并在项圈下吊坠蝴蝶、菩萨、鱼形、花果等吉祥纹饰，有时还吊铃铛，看上去有声有色（图 5-37）。

图 5-37　施洞苗族项圈

（三）水族项饰

水族主要分布于云贵高原苗岭山脉以南的都柳江和龙江上游一带，集聚于贵州的三都水族自治县。

在贵州，花丝工艺是水族最著名的传统工艺，制作十分精细。水族的项饰就像苗族的项饰一样华丽，水族妇女喜欢在颈上佩戴三个由小到大的银圈，胸前垂一高 6cm、宽 20cm 的月牙形银压领，下坠长近 30cm 的银链、银铃。银压领遮住了胸前的围裙花饰，成为重要的装饰物（图 5-38）。

图 5-38 展示的一件银压领，左、右各有一花丝银龙，中部是龙门，非常具有立体感。在银锁下吊坠的大量的叶形小银片，烘托出强烈而丰富的装饰效果。

贵州基场水族与白领苗族混居一地，和睦共处犹如一家。水族银匠可打制苗族饰品，苗族银匠也可打制水族饰品，甚至苗族人可以收水族人当学徒，水族银匠也可以拜师苗族银匠学手艺。但是，银饰的形式却是不能乱的，水族有水族的样式，苗族有苗族的形式，对于银匠而言是一点也不能弄错的。

图 5-39 展示的这件水族银压领为花丝双龙戏宝，压领的坠饰有蝴蝶、钱纹、鱼纹、飞鸟、蝉虫等，都是以花丝精心制作，十分生动。

图 5-38　水族银压领　　　　　　图 5-39　花丝双龙戏宝

（四）彝族项饰

彝族人以黑为贵、为美，用黑色示意人类与之依附存在的大地一刻也不分离。彝族不管男女老幼皆全身着黑色饰品，并以此显示自己的社会地位。古时，彝族人曾以黑虎为图腾，崇敬火是彝族人民重要的信仰，彝族每家每户均有火塘，他们视之为火神的象征，严禁人畜触踏和跨越。火又代表了吉祥，因而彝族有以火驱害除魔、祈求五谷丰登的"火把节"。彝族人崇武，此外还崇拜天地、日月、星辰，崇拜龙、鸡、马缨花、蕨草。中老年妇女的荷叶帽以及男子毛毡斗笠上钉的日月形银片等，这些都体现了彝族人对神崇拜的信念。

彝族妇女以颈长为美，重视颈部修饰，她们的罩衣与衣领分离。彝族妇女喜欢在衣领上贴银泡并绣精致的花纹，在领口戴长方形的银牌，以显出端庄华贵的气质。这种颈部装饰同时还支撑了下颌部，使颈部一直保持着修长状态。当地女子很少佩戴银项圈、银项链等饰物，这是彝族区别其他民族的一个典型特征（图 5-40）。

图 5-40　彝族项饰

三、少数民族的其他首饰

少数民族首饰类型除了有头饰、项饰以外，还有多种具有民族风格的首饰，例如各民族的耳饰、臂饰、手饰、腰饰等，它们都是少数民族最常见、最常佩戴的首饰。由于这些首饰的佩戴频率较高、使用人群范围较大，因此有些民族的耳环、耳坠、手镯、戒指等形式大致相同。这些形式类似的首饰共同代表了少数民族的装饰风格，同时也表明了本族人的审美观念及审美取向。

(一)耳饰

耳朵,作为人体头部最重要而且最显著的部位之一,自古以来就是人类装饰的重点。在上一章节中国古代首饰中,已经介绍了耳饰的发展。纵观近现代我国少数民族的耳饰可知,其用材和形式多种多样,小的如豆、大的如盘、短的如扣、长的如串,应有尽有。

新疆等中国西北地区的少数民族多佩戴金属材质的船型大耳饰。这种船型大耳饰多是采用花丝、点珠工艺制作而成的。藏族的耳饰丰富多彩,材料选择很讲究。人们多采用錾花、点珠、镶嵌、花丝等多种工艺制作此种耳饰,善于将珊瑚、玛瑙、松石、琥珀、珠料、铜钱、金、银等材料巧妙地融入其中。云南怒族、布朗族、珞巴族的人们都喜欢佩戴大耳环、耳珰等。

1. 耳环

耳环的使用由来已久,几乎各民族的人民都普遍地佩戴耳环,所不同的是其形式、寓意不同。耳环主要有两种类型。

(1)素面无纹(图5-41)。这类耳环多是没有任何装饰的粗环,流行于各个民族中。例如侾黎女子以佩戴大耳环著称,从成年起每增一岁要增加一对耳环,每只重约50g。有的侾黎妇女将耳环顶于头上,以减轻耳垂的负担。另外,傣族、佤族妇女同样也喜欢戴素面无纹的大耳环。

图5-41 素面无纹的耳环

(2)复杂装饰。在少数民族中还流行另外一种耳环,这种耳环呈半开口状,在耳环向前方的一段上焊接了方形镂花饰片,随耳环的圆形弯成相应的弧度。从佩饰者的对面,只看见方形镂花饰片,看不见耳环的其他部分。例如维吾尔族耳环大多为半开口状、新月形状,环的一段多为用花丝、累珠工艺制成的精美装饰图案(图5-42)。

图5-42 半开口状耳环

2.耳坠

少数民族的耳坠形态多样,如呈长方形、圆形、梯形、不规则形状的银片或铃铛。耳坠归纳起来主要有独坠型、多坠型和镶珠串珠型三大类。

(1)独坠型耳坠。这种类型的耳坠形式最为简单,即在耳环上坠一条简单的银片、银链或银坠(图5-43)。

(2)多坠型耳坠。

(a)圆环排列式耳坠(图5-44)。圆环排列式耳坠多指在大银环下吊坠的各种形状的装饰物,有几何形银片、穿孔宝石等其他材料。还有些多坠型耳饰垂挂流苏状或具有其他装饰感的银链,其长度可至肩。

(b)平列式耳坠(图5-45)。平列式耳坠多指银牌耳坠,即在经錾刻、累珠、镂空等工艺处理的各种形状银牌下沿垂挂各种形式的单排银链等装饰物。其中多坠型耳饰的银链有圆形扣、"S"形扣、花朵形扣、螺形扣等,常坠的饰物有葵花子形、水滴形的银片、银铃和银珠等。

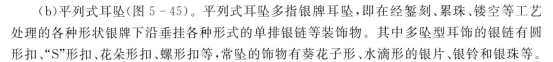

图5-43 独坠型耳坠

图5-44 圆环排列式耳坠　　　图5-45 平列式耳坠

(3)镶珠串珠型耳坠(图5-46)。镶珠串珠型耳坠在蒙古族、藏族、珞巴族等民族颇流行。

藏族的镶珠串珠型耳坠形式一般是将圆环一段坠下作为银耳柱,并在其上面串连金属装饰佩件、珊瑚珠、松石、孔雀石珠等。此类耳坠形式古朴,藏族女子、男子均有佩戴,只不过藏族男子的耳饰样式比这种耳饰更加粗犷硕大。

图5-46 镶珠串珠型耳坠

3. 耳珰

耳珰的发展历史相当久远,在基诺族、佤族、珞巴族、德昂族等颇为流行,同时在后文提到的泰国长耳族中也出现过。耳珰形式多样,有伞形、鼓形、花形、柱形、丁字形等不同造型。至今在一些少数民族中年妇女的耳垂上,还可以看到银质的鼓形耳珰。佤族顶花盘耳柱如手指般粗长,空心耳柱略呈锥形,有时人们还将一个耳环穿过耳珰孔中坠挂下来(图5-47)。

图5-47 耳珰

(二)臂饰

少数民族的臂饰主要有臂钏和手镯两种形式,尤其是手镯从古至今都是少数民族女子腕上必不可少的装饰物。

1.臂钏

(1)宽口臂钏(图5-48、图5-49)。宽口臂钏在少数民族中较为流行,其中佤族妇女最爱佩戴。宽口臂钏的形式多样,主要有开口和不开口两种类型,傣族、哈尼族、德昂族、景颇族等民族流行佩戴开口臂钏。

图5-48 宽口臂钏

(2)跳脱。臂钏的另外一种形式是跳脱或条脱(前文中国古代臂饰中已提及)。佤族跳脱的银条很宽,似乎很随意地盘绕几圈,成形后有四五厘米高,可在双臂对称地佩戴。另一种跳脱,银条中段圆,而两梢却扁,盘绕成形后,跳脱的中段较厚(图5-50)。

图5-49 景颇族开口臂钏

图5-50 佤族跳脱

2. 手镯

手镯的佩戴在各民族中比臂钏更普遍，镯身有宽、中、窄之分，常见的形式主要有以下几种。

(1)空心大银镯(图5-51)。景颇族、阿昌族、蒙古族、彝族、傣族、白族等民族均有不同纹饰的空心大银镯。这种类型的镯身剖面为半圆形，是由内外两环银片焊成的，人们一般会在外凸的一面上加装饰图案。

图5-51 彝族空心大银镯

(a) 侗族银镯

(b) 德昂族银镯

图5-52 单层银镯

(2)实心银镯。实心银镯是浇铸成型的，质量很大。

(3)单层银镯(图5-52)。在少数民族的手镯中，更多的还是单层银镯：镯面有宽有窄；平面圆凸如鼓形；镯面大多有卷边并錾刻上了各种花卉纹与几何纹。其中在开口的一种银镯上，装有能开合的卡口，加小链连接或加双狮、兽头等为饰物，几乎每一个民族都有此类银镯。

(4)扭丝银镯。扭丝银镯在白族、彝族、藏族、傣族、德昂族等民族中都流行，因形如绳索，民间叫作"银扭索"。扭丝银镯由银丝扭成，有的扭制成圆形镯身，有的扭制成片形镯身，镯身粗者宽2cm左右，细者仅似一根面条。

(5)镶宝手镯(图5-53)。镶宝手镯主要在藏族、蒙古族等民族中流行。它是经单层表面錾刻、累珠等表面处理的银片圈镯，表面镶有各种宝石，装饰感强，工艺出色。

图5-53 藏族镶宝手镯

(6)串珠手镯。串珠手镯也可称串珠手链,主要在藏族、蒙古族等民族流行,多以一些不规则的珊瑚、绿松石、蜜蜡等宝石为材料,色彩鲜艳、造型粗犷(图5-54)。

(7)手箍。用细线在手腕上绕一两圈形成的装饰物,云南人称为"手箍"。"箍"也如银锁的"锁"的寓意一样,有把人拴住、留住的用意,所以孩子们要戴手箍,成年女性也戴手箍。有些成年人,一个手腕上就戴十几个手箍,为了避免重叠碰撞,她们会用一条彩线将手箍拴成串,像戴了一只宽手钏。各族女性佩戴镯钏无一定之规,可多可少,但大都倾向"多多益善"。

图5-54 藏族串珠手镯

施洞苗族的银手镯式样很多,有宝珠手镯、小米花手镯、藤形花手镯、空心花手镯、麻花手镯、六棱手镯等。姑娘着盛装时都要戴上六对银手镯,才能算是穿了一套完整的银饰盛装。这些手镯的制作工艺十分多样化,有非常精细的花丝工艺,也有十分粗犷的绕丝工艺,还有相当独特的编结工艺,由此而形成了独特的工艺效果和装饰特征。

以下主要介绍具有典型特征的苗族手镯。

(a)宝珠手镯(图5-55)。宝珠手镯是采用花丝工艺制成的。在花丝工艺的制作过程中,银匠需要掌握非常复杂的焊接工艺技术,一般的银匠不敢轻易尝试制作。宝珠手镯分单排宝珠手镯、双排宝珠手镯和三排宝珠手镯,呈现出多姿多彩的外形特征。

(b)小米花手镯(图5-56)。小米花手镯也是施洞苗族所独有的手镯类型,是用12根银线编织而成,造型呈中间粗而两头细的中空状。制作时,银匠会用一粗银条衬在编织的花丝中间,保持手镯圆形的稳固性,或将交界处做成活口,佩戴时依据需要调整镯圈的大小。小米花手镯工艺十分独特,虽是传统工艺却呈现出很新的面貌。

图5-55 宝珠手镯　　图5-56 小米花手镯

(c)藤形手镯(图5-57)。藤形手镯的制作工艺与藤形项圈的制作工艺基本相同,具有粗犷的原始风格。

(d)麻花手镯(图5-58)。麻花手镯的制作过程为:先将银条打成六菱形,然后把两根银条对绕成型。此种手镯的制作风格简洁且朴素。

(三)手饰

少数民族的手饰主要是指戒指,与汉族戒指相比而言,其形体宽大,装饰感强,具有粗犷、质朴的风格。

1.简单圆环形戒指

佤族、哈尼族、瑶族、彝族、白族等民族偏爱简单的圆环形戒指。这种圆环形戒指的装饰

图 5-57　藤形手镯　　　　　　图 5-58　麻花手镯

效果简洁。

2. 花面戒指

花面戒指的式样极多,除了有花朵形、六方形,还有圆形、椭圆形和不规则形状等。妇女着盛装时会在两只手上佩戴多个戒指(图 5-59)。

(a) 苗族戒指　　　　　　　　(b) 花腰傣族戒指

图 5-59　花面戒指

3. 镶珠戒指

这种类型的戒指主要流行于蒙古族、藏族,滇西北地区的人们也佩戴此类型戒指。戒面上镶有珊瑚、松石、孔雀石或其他宝玉石(图 5-60)。例如藏族的银镶珠戒指样式很多:有花朵形戒面,镶有七颗小珠;有圆形、椭圆形戒面,镶有一颗大珠,并在大珠两侧加饰银耳;有筒瓦形戒面,镶有圆形、椭圆形、心形、葫芦形珠。

(a) 蒙古族戒指　　　　　　　　(b) 藏族戒指

图 5-60　镶珠戒指

(四)佩饰

佩饰在这里多指具有一定实用性的装饰品,与中国古代的佩饰稍有区别,主要有腰饰、肩饰以及佩刀装饰、针线筒等。

1.腰饰

(1)藏族腰饰。藏族腰饰有纯布质的和布质缀银、镶宝的。布质腰带色彩鲜艳(图5-61、图5-62)。

图5-61　布质缀银腰饰　　　　　　　　图5-62　银质镶宝腰饰

(2)傣族腰饰。傣族腰饰为一条纯银腰带,能使傣族姑娘更显窈窕。这种银腰带以银丝框或镂花银片连成,宽四五厘米,带扣呈长方形,饰花草纹,偶尔也有方格缀银珠等几何纹。布朗族、拉祜族、阿昌族、德昂族等民族也用这种银腰带(图5-63)。

(3)苗族腰饰。苗族腰饰的制作方式是在彩色流苏间缀入银币和小银片。但最出众的当数施洞苗族的银衣牌,银衣牌既是苗族的腰饰,又可用于装饰服饰,如在衣服上缝缀经錾刻、镂空工艺处理的银牌(图5-64)。

图5-63　傣族腰饰　　　　　　　　　　图5-64　苗族腰饰

施洞苗族的银衣牌是家庭中的一份贵重之物,平时都锁在箱子里,只有在盛大节日时,家中姑娘需要穿戴,才从木箱中取出并与绣花衣缝缀在一起。它是苗族服饰体系中最为华丽、最为精细、最为独特的装饰物,每一片衣牌的纹样都是祖上传下来的。纹饰分别有仙人、龙、凤、仙鹤、麒麟、狮、虎、鱼等内容,形状分别有圆形和方形,连缀时需用银泡分割排列,下坠蝴蝶和芝麻响铃。

(4)哈尼族腰饰。红河哈尼族少女的腰饰很宽,她们将腰带紧紧束在身上,并在前面正中部位缝16枚银币为饰,摆成正方形,有的人再在两侧腰下加饰彩带流苏和银须坠。

(5)傈僳族腰饰。傈僳族腰饰以白色贝片饰为主,带梢处饰有四枚银币和一只银蝶,围腰的彩色流苏上套有两对银管。

2.银肩饰

银肩饰由肩帔、背被和挎包上的银饰组成。

(1)肩帔上的银饰。肩帔是人们着盛装时才佩戴的大件银饰,现在只有景颇族、壮族、彝族等民族使用。

景颇族的银肩帔一般由几十个直径四五厘米的银泡组成,银泡上锤有各式花纹,绕肩三圈,边沿有小扣,以线拴连。最外围的银泡下沿坠楔形银饰片或以银骨朵铃为饰,前后均垂至腰际,现在所见的景颇族肩帔,大多是由素面无饰的银泡组成(图5-65)。

彝族肩帔的制作方式是在黑布贴花肩帔上加若干银饰。肩帔外形如盛开的荷花,从领口向外,共饰五圈银饰:第一圈,银珠镶成锯齿形;第二圈,缀鱼形饰片一对、麒麟饰片六对,均为扁圆形;第三、四圈,缀方形或圆形的各种图案和银花框小圆镜共四十余枚;第五圈,在肩帔的花瓣形边缘缀用须坠编织的小鸟、灯笼、花朵和银叶片等(图5-66)。

图5-65　景颇族肩帔　　　　　　　　　　图5-66　彝族肩帔

(2)背被上的银饰。背孩子用的小包被,云南人叫作"背被"。云南各地的背被都被人们用刺绣和贴花装点得花团锦簇。彝族和白族的一些花被上饰有少量银珠,银珠大多镶在花心、瓣尖处,与刺绣、贴花融为一体,相得益彰。现今一些地方的少数民族不做孩子用的背被,而是将背被做成姑娘们的装饰品,这种背被小而轻巧。

(3)挎包上的银饰。饰银的挎包很多,挎包一般都是用黑色土布做成的,人们还在中间各色的几何形挑花图案上镶缀银泡、银币和银珠。最常见的挎包形状有川字形、十字形和丁字形排列。景颇族、德昂族、拉祜族、独龙族的挎包都很有特色。

3.其他佩饰

(1)佩刀装饰。

(a)蒙古族佩刀装饰(图5-67)。蒙古族信奉藏传佛教,多喜欢佩戴錾花刀、象牙紫檀刀。錾花刀的纹饰也充分反映出这种宗教信仰,刀鞘主纹多为藏传佛教纹饰中经常出现的

"金翅鸟"纹、云纹、瑞兽麒麟等。

(b)藏族佩刀装饰(图5-68)。藏族男子一般都要佩刀,将刀横别在腰间,或斜挂在臀后。五六岁的小男孩会在节日里穿一身藏袍并佩一把短刀,看上去比成年人还像男子汉。迪庆藏族的腰刀,一般长40多厘米,宽四五厘米,银柄、银鞘上刻有游龙、翔凤、雄鹰、猛虎、高山、日出、宝相花等纹饰,特别讲究,刀柄上还要镶珠。

图5-67 蒙古族佩刀装饰

图5-68 藏族佩刀装饰

图5-69 银针线筒

(c)景颇族的长刀装饰。景颇族的长刀,平头、直身、圆柄,长80cm。他们对平日使用的长刀,装饰得较简洁。他们将出客、节庆等用的长刀称作"礼刀",装饰得很美。礼刀的装饰形式为:银柄中段包银丝鳞纹网,便于把握;木鞘外包银皮,镀深蓝、深红、淡黄三色珐琅图案,同时加铜箍套。

(2)银针线筒。银针线筒的使用,在汉族也有出现(前一章节也有介绍)。银针线筒在藏族、彝族、哈尼族等民族中使用得比较普遍。勤劳的妇女们下地干活时也带着针线,小憩时拿出来缝上一段,绣上几针。银针线筒既是漂亮的佩饰,又是便捷的工具(图5-69)。

小测试

1.(　　　)工艺是西北地区各民族所共有的金属饰物装饰手法。
2.(　　　)族被称为"离太阳最近的民族"。
3.蒙古族首饰多是运用(　　　)、(　　　)工艺制作而成的。
4.蒙古族头饰的制作材料有(　　　)、(　　　)和(　　　)。
5.蒙古族头饰主要由(　　　)和(　　　)两部分组成。
6.(　　　)和(　　　)是藏族首饰的主要装饰工艺。
7.藏族中60岁的老年妇女均剪短发,基本上不再佩戴饰品,有的只包(　　　)。
8.大多数藏族妇女将头发梳理成(　　　)形式,并且把它装入(　　　)中。
9.(　　　)是施洞苗族银饰中一件十分有特色的重要头饰,盛装出席重要场合的姑娘们绝不能缺少这件头饰。
10.苗族(　　　)地区的大银角是苗族众多银角中最大的银角。

11. 白领苗族银角的造型呈（　　　　）形。

12. 苗族（　　　　）地区的银凤冠是众多苗族支系中最为华丽的头饰之一。

13. 苗族主要有（　　　　）银梳和（　　　　）银梳。

14. 项饰的种类繁多，最常见的类型是（　　　　）。

15. （　　　　）项饰是藏族男女主要的颈部（胸部）装饰品。

16. "嘎乌"的形式各异，男子一般佩戴（　　　　）形"嘎乌"，女子一般佩戴（　　　　）形或（　　　　）形"嘎乌"；其质地为（　　　　）、（　　　　）和（　　　　）三种，盒面上多镶嵌有（　　　　）和（　　　　），并雕刻有多种吉祥花纹图案。

17. （　　　　）苗族的项圈纹饰带有古朴之风。

18. 革一苗族主要流行（　　　　）和（　　　　）银项圈。

19. （　　　　）项圈是施洞苗族姑娘的重要饰物之一，有时可以不戴头饰，但它是必须要佩戴的。

20. 在贵州，（　　　　）是水族最著名的传统工艺，制作也十分精细。

21. （　　　　）女子以佩戴大耳环著称，从成年起每增一岁要增加一对耳环，每只重约 50g。

22. 少数民族耳坠归纳起来主要有（　　　　）型、（　　　　）型和（　　　　）型三大类。

23. 耳珰的形式多样，有（　　　　）形、（　　　　）形、（　　　　）形、（　　　　）形、（　　　　）形等不同造型。

24. 少数民族的臂饰主要有（　　　　）和（　　　　）两种形式。

25. 施洞苗族的银手镯式样很多，有（　　　　）手镯、（　　　　）手镯、（　　　　）手镯、（　　　　）手镯、（　　　　）手镯、（　　　　）手镯等。

26. 少数民族的戒指主要有（　　　　）、（　　　　）和（　　　　）三种类型。

27. 少数民族主要有（　　　　）、（　　　　）以及（　　　　）和（　　　　）等佩饰。

28. 请简述我国少数民族耳饰的发展特征。

30. 请简述藏族、傣族、哈尼族、傈僳族和苗族的腰饰特征。

31. 请简述蒙古族头饰以花丝工艺成型的三种方法并举例说明。

32. 请简述蒙古族的首饰特征。

33. 请写出藏族首饰常用的材料（五种以上）。

34. 请简述四种以上的苗族头饰形式。

35. 请简述苗族银围帕的两种类型。

36. 请写出苗族银发簪的三种形式。

37. 请简述苗族项饰的类型。

38. 请简述汉族长命锁与苗族压领的异同。

39. 请简述彝族的颈部装饰特征。

第二节 泰国少数民族首饰

泰国是东南亚地区的大国,据考古学家了解,泰国文化起源于大约5000年前的青铜文化,有着悠久的历史,而在历史长河中遗留下的文化印记也是非常的丰富。

一、泰国早期首饰

泰族发源于中国的南部,泰族人民曾经多次进行民族迁徙,到达泰国的北部,于13世纪建立最早的泰国王朝。考古学家在泰国东北部的万昌发现许多古老的遗迹——农诺他遗址和班清遗址,是东南亚青铜时代和铁器时代早期的重要遗址,它们证明泰国的文化起源于大约5000前的青铜文化时期。

(一)手镯

1. 青铜手镯

青铜手镯在班清文化中出现得最多,形式多样。

(1)素面手镯。班清遗址中出土的素面手镯为圆筒状,镯面宽大,呈开口或闭口,还有类似我国早期玉瑗形式的手镯(图5-70)。

图5-70 素面手镯

(2)铃铛手镯。出土的铃铛手镯数量也很多,有些镯面上都装饰了铃铛,有些镯面装饰了成对的铃铛(一对或两对),铃铛造型饱满,精致可爱(图5-71)。

图5-71 铃铛手镯

2. 骨质手镯

人们在班清遗址中发现了约公元前500年时期的骨质手镯(图5-72)。

图 5-72　骨质手镯

(二)项饰

1. 珠串项链

在公元前 11 世纪至公元前 6 世纪、公元前 300 年至公元 200 年间出现的大量珠串项链,多为用兽骨、各种颜色的玻璃、石头、玛瑙等串成的装饰感极强的项链,色彩丰富(图 5-73)。

图 5-73　珠串项链

2. 青铜项圈

在公元前 300 年至公元 200 年间出现的青铜项圈,形式简单(图 5-74)。

图 5-74　青铜项圈

(三)耳饰

大约在公元前 11 世纪至公元前 6 世纪出现了一部分耳饰,其形式类似我国早期的耳玦,大多是用兽骨和石头、玻璃制造的,也有青铜薄片形式的耳玦,表面还刻有装饰纹样,这也可能是泰国耳饰的雏形(图 5-75)。

图 5-75 耳饰

(四)戒指

在公元前 11 世纪至公元前 6 世纪、公元前 300 年至公元 200 年间相继出现青铜戒指,多呈简单戒圈加椭圆形戒面的形式,类似古埃及早期的印章戒指(图 5-76)。

图 5-76 戒指

二、泰国少数民族首饰

泰国共有 30 多个民族,泰族为主要民族,占人口总数的 40%,其余为阿卡族、长脖族、长耳族、老挝族、华族、马来族、高棉族和山地民族等。像我国少数民族一样,偏远的一些民族还保留着传统的装饰形式,有很强的地域特性。

(一)泰国的阿卡族

阿卡人是哈尼族的一个支系,又称"爱尼人"。20 世纪初,阿卡人开始自缅甸向泰国迁徙,泰国的第一个阿卡人村就在泰缅边境。

阿卡族的头部装饰非常丰富,帽子呈圆锥状或筒状,表面饰有银泡、银片、银币或银链等,同时在帽子的边缘或上方饰有彩色珠串,直接连接到颈部,可作为项饰,非常华丽,装饰感极强(图 5-77)。

(二)泰国的长脖族

在泰国有一个长脖族,这个民族有一个显著特点是以长脖子为美,所以人们在 5 岁左右就开始在自己的脖子上套铜质项圈,20 岁时套至 20～30 圈,约有 5kg 重。她们不仅在脖子上套,而且还往手及腿上套,有的竟达 30 个。这种项圈的铜环为实心,铜环表面被打磨得很光亮,没有纹路装饰(图 5-78)。

图 5-77　阿卡族头饰　　　　　　　　图 5-78　长脖族项饰

长脖族戴圈的仪式十分严肃庄重,先由巫师礼佛念经,然后由银匠用特制的工具慢慢绕上去。项圈一经戴上,便终生不能取下,否则脖颈就会弯折,人会窒息而死。戴上的项圈就这样长期地套在脖子上拉伸脖子,使其长成长脖子。久而久之,妇女的胸腔缩小,脖子变长。当地人认为这恰恰是一种美的象征和美的装饰。

(三)泰国的长耳族

泰国北部边界山区的村寨里有一个鲜为人知的长耳族,他们的耳朵比一般人的耳朵要长很多。他们用银饰把耳垂撑大,寓意幸福长寿。长耳族女子从小就将耳洞弄得很大,耳洞越大,耳垂越长,表示越幸福长寿,这是她们爱美的体现。

他们的耳饰多为银制品,其形式类似我国佤族、德昂族的耳珰,同时还将一些彩珠用作耳部装饰品,形体夸张,装饰感极强(图 5-79)。

图 5-79　长耳族耳饰

小测试

1. 在泰国东北部的万昌发现了许多古老的遗迹,主要有(　　　)遗址和(　　　)遗址。
2. 泰国早期的青铜手镯主要有(　　　)和(　　　)两大形式。
3. 泰国早期的珠串项链多用(　　　)、(　　　)、(　　　)、(　　　)等串成,色彩极其丰富。
4. 泰国早期的耳饰形式类似于我国早期的(　　　)。
5. 请简述阿卡族的头部装饰形式。
6. 请分析泰国长脖族和长耳族的首饰佩戴寓意。

第三节　原始部落民族首饰

一、非洲原始部落民族首饰

非洲的全称为"阿非利加洲"，是拉丁语"阳光灼热"的意思，这一名称在古罗马时代已经开始使用。非洲历史悠久，各地区的发展很不平衡，它是人类的发祥地之一，也是最早进入人类文明的地区之一。非洲幅员辽阔，部落繁多，佩戴的首饰都有鲜明的民族特色和地域风格，尤其是地处偏远的一些部落还保留着原始部落的装饰特征，具有极强的艺术性和程式化的表现形式。

在非洲地处偏远的部落，居民大多衣不蔽体，身上涂满了色彩鲜艳的颜料，脖颈、嘴唇、耳朵、头上的装饰尽显原始风情。

（一）唇盘族

非洲有一个叫唇盘族的部落，这个部落女人的嘴唇和耳朵上都装饰有刻着花纹的大大小小的盘子（图5-80）。她们从年幼时就会在下唇或是耳垂处切开一道口子，然后在切口处嵌上小盘，等到口子撑得大一点时，再换更大的盘子，年龄渐长，盘子越大。在唇盘族的习俗里，盘子越大，女孩子就越漂亮，所以唇盘族用的这些盘，有从饮料瓶盖大小的小盘，到10cm左右的大盘，盘面上有用天然植物颜料涂成的原始花纹。除了嘴唇和耳朵，她们也会在头部和颈部佩戴具有土著风情的饰物，颜色一般由红、黄、绿这三种"泛非洲色彩"构成。

图5-80　唇盘族

（二）Hamer部落

此部落的装饰非常有特色，他们的打扮跟唇盘族完全不一样。部落里每个女人的头发，几乎都像是一根根软软的棕红色麻绳，从头顶向周围分散垂落下来。这种发型的形成过程为：首先用手将头发搓成一束束麻绳状；然后将一种带棕红色颜料的天然植物捣碎，兑上水后，抹在一根根"麻绳"上；最后凝固成型。Hamer部落的女子都长得十分漂亮，全身除了悬挂于腰间的羊皮或牛皮，脖子上戴着的鲜艳的甲壳类珠串外，再也没有其他遮蔽物。

二、美洲印第安民族首饰

"美洲"这个名称16世纪初才出现，因曾是拉丁语系的西班牙、葡萄牙的殖民地而得名。15世纪末叶以前，美洲的居民是印第安人，不同地区的印第安人是各自独立发展的，各部分发展很不平衡,至今在美洲的偏远地区仍保留其传统生活习俗及装饰方式。

印第安人非常喜欢装饰自己,他们把羽毛作为勇敢的象征、荣誉的标志,还经常插在帽子、鼻子上,以向人炫耀,拥有鸟羽象征着勇敢、美貌与财富。此外,根据颜色及佩戴方式,鸟羽也象征不同的社会地位和情感状态。比如在卡希纳华部落,男子会在他所钟情的妇女面前佩戴鸟羽装饰品以表达热切的情感,有效地减小了对方的敌意(图5-81)。

图5-81 印第安人装束

成年男子皆喜欢用各种装饰品装饰身体,例如在耳朵和嘴唇上系一圆木片,在颈上戴羽毛项圈,在腰间围上用磨制过的贝壳串起的腰带,在脚腕上戴用果壳、鹿蹄和羽毛制作的脚镯,在头部戴羽毛头饰,在背上挂着一条用羽毛编成的彩色带子,在额上系着一条缀着玻璃珠、贝壳和羽毛的带子。

此外,通过考古发现在西班牙人到达南美大陆之前的很长一段时间里,当地的印第安人曾崇尚过一种非常奇特的装饰方式——在牙齿上打洞并镶嵌各种类型的宝石。科学家们指出,在距今2500年前,当地的牙医们均掌握着一门非常精湛的牙齿装饰技艺(图5-82)。

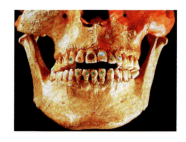

三、大洋洲土著居民民族首饰

图5-82 牙齿装饰

大洋洲各区域的民族善于以多种方式装饰自己的身体,并形成十分独特而极具魅力的艺术风格。这种装饰丰富多彩,各具特色,切实地表现了大洋洲历代居民独特的审美情趣和文化特征。

大洋洲各岛屿的土著居民数千年来过着原始渔猎生活,极重视自身装饰,以各种方式美化装饰自身,其装饰既具有审美功能,又具有实用功能。这种对身体的自我美化,可以算是原始人类最普及、最为直接的装饰工艺。根据具体手法和演变发展过程可将人物装饰工艺大致分为画身、文身、穿唇和穿鼻以及佩饰四大类。

（一）画身

画身是生活在热带大洋洲人的普遍习俗。人们平时仅在脸颊、肩、胸上画几笔，每遇宴会、舞会、节庆，就要认真用红色、白色、黄色及油脂、炭粉等绘制各种抽象曲线图形并涂满全身，尤其在面部要刻意画出对比强烈的红白图案，以示兴奋和隆重。

其中，红色是所有的原始民族以及现代民族的人们最喜爱的颜色，这是因为：红色最具刺激性；任何肤色的人，血液都是红色的；任何地方的朝日夕阳，都是红色的；人类赖以生存的火焰也呈红色。红色是最令人感到亲切、温暖和敬佩的色泽。

此外，以黑色皮肤为主的大洋洲人喜爱用白色作为画身的主要颜色，如在赴宴时常用白色在身上画出许多粗细不等的曲线，因为唯有白色才能在黑色肌肤之上给人以最强烈而醒目的印象，映衬出他们那感到自豪的黑皮肤及其形象。

（二）文身

文身是画身的发展延续，画身虽然美观，却不持久，大洋洲的古老居民希望将他们认为的美好图纹永远印刻在身上，因此便产生了文身。文身是指用带有墨的针刺入皮肤底层而在皮肤上制造一些图案或文字。这让我们联想到我国少数民族中的黎族、高山族的文身、文面的习俗。

文身的目的：一是作为部落间的区别标号；二是作为身份等级的标记；三是出于图腾崇拜，如希望死后与鬼分离，保持人类的纯洁；四是纯粹地美化装饰，这可能是最主要的目的，很多人想通过这种人体装饰增加对异性的吸引力。

（三）穿唇和穿鼻

在非洲、美洲民族中，男子流行穿唇和穿鼻的习俗。穿唇是指在下唇的两口角的等距离穿出孔眼，伤愈后要在孔眼内塞上骨片、象牙、贝壳、月形弧线木板。穿鼻是指将鼻孔之间相隔的肌肉软骨穿透，插上弧形木条或骨片，节日时换上鲜艳的羽毛，这是男子们引以为傲的装饰。

（四）佩饰

大洋洲各地域的佩饰各具特色，譬如对头发的装饰：有的人用动物的尾毛做出长长的假发，有的人在发丝中打上各类花结，有的人用红色土粉涂染头发，有的女性甚至以剃光头为美，有的人用植物纤维编成带子当头巾围到头上，还有的人将各类飞禽的羽毛及兽角、蟹爪等插到头上以显示出美或者威武之感。

另外，颈部的项链是用贝壳、果核、骨片、兽牙、卵石等各类光泽质硬的圆形物串起来的，耳环、手镯、脚镯等也是用同样的东西串起来的。这一切装饰的目的都是美化自身、吸引异性，起到渲染生活气氛的作用。

可以看出，这里的人们几乎都是利用木、石、植物纤维、贝、砂等自然材料直接进行工艺美术创作，绝少有人们再造的材料（如陶、玻璃等）。时至今日，大洋洲的土著居民仍然保留着上述原始传统习俗，这些习俗不仅是人类早期装饰工艺文化的体现形式之一，也是我们研究古代大洋洲工艺美术和文化发展史的重要依据。

小测试

1. 印第安人非常喜欢装饰自己,他们把(　　)作为勇敢的象征、荣誉的标志。
2. 大洋洲人喜爱用(　　)色作为画身的主要颜色,也有(　　)色和(　　)色。
3. 请简述大洋洲古老居民文身的功能意义。
4. 大洋洲部落居民除了画身,还有哪些装饰形式?
5. 请列举大洋洲部落居民的佩饰材料。

第六章　社会文化发展中的首饰

第一节　首饰的时代性

首饰具有典型的时代特征,它与社会文化共同发展。从原始时代简单的骨石串珠到现今多形式、多材料的精致首饰,这是一段"以一种新形式、新款式、新材料、新观念代替旧形式、旧款式、旧材料、旧观念"的完整的首饰发展历史。在首饰发展的历史长河中,每种首饰不断演化和完善,虽经历了不同时代的变迁,但它们的发展从未停止过,而且将随着人类文明的发展继续发展下去。

一、首饰的演化

从史前、古代、近代、现代直到当代,每个时代首饰都具有典型的文化特征,首饰从这个时代进入到另一个时代,在之前的基础上改变、创新并成为具有另一个时代特征的佩戴装饰物,这就是一个演化、蜕变和发展的过程。

(一)笄—簪

笄,最早出现在新石器时代,形式简单,主要作为整理头发的工具,之后用于固定发髻、帽冠。此外,商代的"及笄"女子成年之礼,也与它有关。随着时代的发展、社会的进步,金属材料、宝石材料的被发现利用,人们后来改用金、银、铜等金属制作笄。笄的形状为针细头粗,强调装饰美化作用,并最终演化为中国古代流行的头饰——簪。之后根据人们审美的要求,钗、步摇、大型扁簪等发饰不断出现。

(二)耳玦—耳环

玦是从新石器时代流传下来的一种耳饰,是一种有缺口的圆环,多为玉质材料。玦的环体较粗且沉重,长期佩戴玦会使耳孔变大很多。随着后期金属材料的出现,人们审美观念的改变,耳玦的环体渐渐变细,玉质耳玦由金属质细环代替粗环,玉玦这种大耳饰慢慢地不被人们所接受,于是演变为后期的耳环。随着后期人们的装饰需求不断增强,出现了形式多样的耳饰。

(三)耳珰—耳珠

耳珰是一种直接塞入耳孔的饰物,主要流行于中国魏晋以前,直到现今一些少数民族仍佩戴耳珰。耳珰插入耳孔的部分都比较粗大,致使佩戴它的耳孔变形,这种装饰逐渐不被人们所接受。后来人们把插进耳孔的部分变细、变小,同时也把耳珰的装饰面变得精巧,耳珰渐渐演化成后期的耳珠。耳珠插入耳孔的部分为纤细的金属针钩,这种形式的耳饰逐渐演化成今天所流行的耳钉。

(四)珠串—项链

其实珠串也称为项链,现在"项链"一词在一定程度上已成为项饰的统称。无论在中国还是西方早期项饰都是由简单的石质、骨质、贝壳等串成的饰品。当时的人们为了方便狩猎或割取食物等而将串饰悬挂在脖子上,随着后期金属材料的出现、人们的审美水平不断提高,珠串渐渐演变成形式多样的项链、吊坠、项圈等。

(五)瑗—手镯

瑗与手镯几乎同时出现,而且都是由玉质材料制作的。由于后期金属材质首饰大量出现,金手镯与瑗相比更适合佩戴,因此瑗饰发展到战国期间被金手镯所代替,随后又以珠串、手链的形式出现,形成丰富多彩的腕饰。

(六)指环—戒指

在中国古代,戒指也称"指环",而我们这里所说的指环是指单纯的圆环。关于戒指的由来在中国有这样一种说法:戒指是由操作弓箭时用的扳指演变而来的(前文"中国古代首饰"中有说明)。而在西方有另外一种说法:戒指是由简单的指环演变而成。早期的西方人认为指环是一种权力、地位的象征。指环多以护身符、印章戒指形式出现。从以上两种说法中可以确定,戒指都是从一个简单的"环"演变而来,经过后期的发展,成为今天人们所佩戴的形式各异的戒指。

(七)长别针—胸针

长别针主要出现于西欧早期大约公元前13世纪。它的形状像中国古代的发簪,一头粗且有装饰图案,另外一头呈针状,主要用来固定衣服。随着金工工艺的发展,铸造、扭拧和打制金属丝等工艺激发了人们的想象力,人们把长别针的形体缩短,加上安全的搭扣,发展成为后期的胸针。

在西欧早期,胸针是常用来固定一种斗篷式外衣的搭扣,到中世纪时期,流行一种环状胸针。文艺复兴时期,胸针的佩戴不再流行,直到18世纪、19世纪胸针又出现在首饰装饰行列中,但胸针的装饰功能远大于使用功能。至今,胸针仍作为装饰品或某种标识使用。

二、各时代流行的首饰

由于受每个时代文化影响以及人们审美观念的转变,出现了这样一种现象:某种首饰在某个时代十分流行,但随着时代的变迁,这种流行首饰又被另外一种首饰所代替。这种首饰流行更迭的现象既是首饰发展的正常趋势,又是时代变迁、社会进步的必然结果。

(一)中国各时代的流行首饰

受封建礼教、各朝代梳妆样式影响,古时主要流行佩戴簪钗、步摇、花钿等头饰,串珠、项圈等项饰,手镯等臂饰,玉佩等佩饰。

中国清末至民国时期,由于社会变革,人们的生活状态不稳定,因而此时的人们主要流行佩戴各种扁方、简单的银耳环以及形式各异的玉手镯和银手镯等。

中华人民共和国成立至今,尤其是改革开放以来,受国外首饰潮流的影响,人们开始流行佩戴项链、戒指、耳钉、耳环、耳坠等首饰。同时因深受传统文化的影响,玉石饰品、纯金饰品在中国也相当受欢迎。中国进入 21 世纪后,K 金饰品、铂金饰品、钻石饰品也深受人们的喜爱。

(二)国外各时代的流行首饰

外国上古时代也就是古西亚、古埃及、古希腊、古罗马时代,主要流行以各种串珠、纯金饰品为主要材质的首饰,多带有神秘色彩。外国中古时代即欧洲中世纪时期,主要流行珐琅、镶嵌各种宝石的胸针、戒指等饰品,尤其是文艺复兴时期流行珐琅饰品。

近代时期是西方首饰的发展过渡时期,西方首饰无论是在宝石琢型还是在首饰制作、设计等领域都有所突破。在这个时期,很多现今国际知名的首饰品牌大量出现,他们运用精湛的工艺技术制作出形式多样的首饰。这一时期主要流行运用钻石、祖母绿、红蓝宝石等贵重宝石与铂金、黄金相结合的方式制作首饰,并采用珐琅彩绘。

外国现当代首饰主要指装饰艺术时期至今的首饰,这一阶段是人们结合各种风格、运用多种材质制作首饰的实践阶段。到 20 世纪 20 年代至 30 年代,外国首饰的发展已具有一定规模,很多首饰设计师、制作师开始寻找另外一种展现自己创作风格、表达情感的首饰载体,创作出大量的突破传统的立体结构首饰,同时开发出多种首饰制作材料,结合社会科学技术制作出突破传统的多功能趣味首饰。此外,传统形式的首饰已满足不了消费者的审美需求,他们开始寻找适合自己风格气质的首饰款式、首饰材料,从而也促进了国际首饰行业的不断创新。总而言之,这个阶段流行佩戴新材料、新形式、新技术结合制作的气质独特的首饰。

第二节 首饰的地域性

每个地域的风土人情、文化背景各不相同,而每个地域的文化在一定程度上又影响着当地的人体装饰。从地域的区分看,大到洲与洲之间、国与国之间,小到民族与民族之间、民族中支系与支系之间,每个地域的首饰在其形式、材质及佩戴功能等方面都有很大的差异。由此可见,首饰在具有时代性的同时也具有典型的地域性。

全球七大洲四大洋每处都有人类历史的足迹,每个地域都有各自的首饰文化特征,以下主要介绍中国与西方国家的早期首饰在形式及材料等方面的对比,进而更深层次地了解国内、国外的首饰文化特征。

一、中西方早期首饰的形式差异

中国与西方国家的主要首饰种类都有头饰、项饰、臂饰、手饰、胸饰、腰饰等,但其首饰形式有一定的差异。

(一)中西方早期头饰

头饰主要分为发饰与面饰。

1. 中国早期头饰

中国早期人们注重头部的装饰,每个时期的发型、装束都有所不同,因此发饰的形式多种多样,主要有笄、簪钗、步摇、钿、假髻、梳篦、发卡等。簪钗是从中国古代直到民国时期都最常见的头饰,至今在少数民族的头饰中仍可见到。梳篦的实用功能渐渐代替其装饰功能,已成为现今人们生活当中不可缺少的日用品。发卡早期的形式主要出现在我国清末、民国时期,到现在已演变成多种固定头发的流行发饰。

中国早期的面饰主要有花黄、美人贴等,尤其是在中国唐代非常流行。其中有一种面饰形式叫作"文面",是从中国偏远的少数民族(黎族、高山族等)中流传下来的习俗(前文有介绍)。文面是指在脸上刻画花纹。

2. 西方各国早期头饰

与中国早期头饰相比,西方国家的早期头饰形式就相对少些,多以冠帽结合,主要有王冠的形式。由于西方各国受宗教思想的影响,因此在王冠上通常都有类似对称十字架的图案。此外,在文艺复兴时期,女子大多把头发束起并配上长串的珍珠、鲜花等装饰品。

西方各国的面饰主要有鼻钉、鼻环、唇环等,大多出现在一些土著居民身上,如大洋洲的土著居民中。

(二)中西方早期项饰

1. 中国早期项饰

中国早期项饰主要有串饰、项圈、璎珞、朝珠等,主要以串珠样式出现,直到明清以后才出现大量的金属链条制品。此外,项圈、长命锁在中国也很流行,尤其是在清朝时期,不仅用于装饰身体,最重要的是可作为辟邪护身的一种项饰。

2. 西方各国早期项饰

西方各国早期项饰类型要比中国早期项饰丰富,在西方上古时期的古埃及、古西亚、古希腊、古罗马时期,不管在项饰的材质还是形式上都非常丰富。自欧洲中世纪之后,西方首饰发展迅猛,欧洲人摆脱宗教思想的束缚,开始流行佩戴金属项链、宝石项链,而且一直延续至今。

(三)中西方早期臂饰

1. 中国早期臂饰

中国早期臂饰主要有瑗、手镯、臂钏等,无论是在经济发展繁荣的地区还是在偏远的少数民族地区臂饰都非常流行,以金质、银质、玉质手镯为主,后期又出现手链,它与手镯都是目前较流行的臂饰。如今手镯仍是人们的常见装饰物,用玉石、玛瑙、银、金等材料制作的手镯形式多样。

2. 西方各国早期臂饰

与中国早期臂饰相比,西方各国臂饰也很早就成为人们腕部的装饰物,尤其在上古时期,手镯形式非常夸张,色彩丰富,有很强的装饰性。但到中世纪、文艺复兴时期,臂饰成为了人们的辅助装饰物,主要有手镯、手链等形式。

(四)中西方早期手饰

1. 中国早期手饰

中国早期手饰主要有扳指、戒指、护指(指甲套)等。中国古代男子喜爱佩戴扳指,女子佩戴戒指,但戒指无论是在样式设计上还是制作材质上与当时女子佩戴的簪钗等头饰相比要逊色得多。西方各国家没有护指,而在中国清朝护指甚为流行。随着社会的发展、西方文化的渗透,戒指逐渐在民间流行起来,成为大众化饰品,直到今日戒指就像耳环、项链一样也成为首饰的主角。

2. 西方各国早期手饰

西方各国早期手饰主要是戒指,戒指在古埃及时期就已作为身份地位的象征而出现,在古罗马时期戒指已成为订婚和结婚的标志性物品,并一直流行至今。

(五)中西方早期胸饰

1. 中国早期胸饰

中国古代装饰主要集中在头部、手部和腰部,可能是由于衣服本身太过华丽,因而衣服上很少出现胸饰。直到清末、民国时期随着西方文化的浸入,市场上出现了领约、别针、胸花、胸针等胸饰,并慢慢流行,至今胸针已成为不可缺少的首饰。

2. 西方各国早期胸饰

西方各国胸饰的发展较早,胸针在西方国家一直都很流行。欧洲早期,胸针除了用于固定衣物之外,还可作为身份地位的象征物。到欧洲中世纪时期,胸针、胸扣、胸花几乎成为了人们日常生活中的必需品。

(六)中西方早期腰饰

1. 中国早期腰饰

中国古代的人们十分重视腰部的装饰,腰饰的类型主要有腰坠、玉佩、带钩。至今只有一些少数民族对腰部进行装饰,例如花腰傣族用银泡来装饰腰部。目前市场上流行的不同风格、不同款式的腰带,也可以看作一种腰饰。

2. 西方各国早期腰饰

西方各国的腰饰相对于中国腰饰,其样式显得较少,主要有带扣等。在罗马历史上的拜占庭时期和欧洲中世纪时期,腰饰主要用于佩剑、佩刀或固定衣服等其他装束。目前,西方各国无论男女都逐渐开始重视对腰部的装饰,各种款式的腰带、各种金属串饰等出现在时尚男女的腰围部。

二、中西方早期首饰的材料差异

(一)中西方早期宝石材料

宝石在首饰材料中占有重要的地位,首饰没有了宝石,就没有了色彩。由于中国与西方各国地域文化不同,人们对宝石的偏好也不同。

1. 玉石

中国新石器时代就已经出现了玉饰品,大量的玉石被用于制作头饰、臂饰等。直到春秋时期,各种玉质首饰才受到人们的高度重视。儒家认为玉有"仁、义、智、勇、洁"五德。玉佩是贵族王孙和百官们的随身饰品。

在西方国家,玉质首饰很少受欢迎,但随着玉石文化渐渐地从东方传入西方,目前国外一些首饰设计师开始将玉石材料融入自己的现代设计中,常常表现出具有东方韵味的首饰风格。

2. 青金石

青金石,我们并不陌生,古时也称"天青石"。历史文献记载早在公元前 6000 年左右青金石就被古西亚人开发、利用,它在古西亚、古埃及非常流行。在当时,青金石被视为名贵宝石,不仅具有诱人的深蓝色调,还具有闪金光的黄铁矿星点,色彩和谐而美观,深受人们的喜爱。

在中国古代青金石又被称作"金精""金星""蓝赤"等。青金石大约在公元 2 世纪(汉朝)传入中国,因其"色相如天",很受帝王器重,所以在古代多用来制作皇帝的葬器,而用于首饰装饰相对少些。

3. 玳瑁

玳瑁是一种海龟科动物,其背甲属于一种有机宝石,简称"玳瑁",呈轻微透明至半透明,具有蜡状光泽至油脂光泽。从新石器时代起人们就用玳瑁制作梳、笄、指环。到汉、唐盛世时,玳瑁成为身份的象征,不仅用于人体装饰,还常常用于制作男子佩剑、古筝琵琶的拨子。

在西方,玳瑁被古希腊人和古罗马人用于制作梳子、刷子和戒指等首饰的同时,还被镶嵌在家具和各种器物上。

4. 钻石

De Beers(戴比尔斯)的广告语"钻石恒久远,一颗永流传",现今人人皆知。在古代,由于地域文化的差异,中国与西方各国对钻石饰品有不同的看法。

西方人喜欢透明、通透的宝石,大约在古罗马时期钻石就已开始运用到首饰中,当时的钻石未被切割就直接镶嵌在饰品上。到 17 世纪,钻石的琢型不断改善,成为"宝石之王",深受西方各国人们的喜爱。中国魏晋南北朝时期出现了一枚黄金镶钻戒指,这大概是由西方传入,之后钻石几乎没有在中国古代饰品中出现,直到明清之际。但随着改革开放所带来的东西方文化的交流,钻石就像铂金一样已渐渐地被中国人接受,并在中国很快地流行起来。

国际知名首饰品牌 De Beers 被誉为世界最大的钻石商,在 Cartier(卡地亚)、Tiffany(蒂芙尼)、Van Cleef & Arpels(梵克·雅宝)等珠宝品牌流传于世的珠宝珍品中,所用的罕世美钻都可能来自 De Beers。还有国际知名珠宝品牌"钻石之王"——Harry Winston(哈瑞·温斯顿)的产品也以钻石为主要材料。

5. 珍珠

各种文献记载,中国是利用珍珠最早的国家之一,可以追溯到 4000 多年前。但出土文物表明,珍珠约在中国秦汉时期开始出现在头饰、耳饰、项饰等饰品上,从古至今一直很受欢迎。在西方大约公元 1 世纪至公元 2 世纪,珍珠出现在首饰中,直到文艺复兴时期珍珠饰品开始流行。

国际知名珍珠品牌御木本,其创始人被誉为"珍珠之王",主要经营珍珠和珍珠饰品等,同时开发研制并培育人工养殖珍珠。

6. 人造宝石材料

古埃及人是制作人造宝石的鼻祖,他们用釉彩和彩色玻璃来代替宝石。在西方,大约 17 世纪中期已经有了制造人造宝石的行业,到了 18 世纪,人造宝石有了合法的交易市场,成为一种新的材料艺术形式。而在中国早期饰品中,人造宝石主要以釉料的形式出现。

7. 具有宝石效果的两种典型工艺

在中国与西方各国早期首饰中有两种具有宝石效应的工艺:一是点翠工艺,二是珐琅工艺。点翠工艺始于秦汉时期,到清朝末年逐步被珐琅工艺所代替。这种工艺装饰感很强,多用于制作古代发饰。西方国家最早将珐琅工艺用于首饰装饰中。早在古埃及时期人们就将"彩釉"技术用于制作装饰品,西欧凯尔特时期流行用珐琅装饰首饰,此后珐琅工艺在欧洲的中世纪、文艺复兴及之后新文化艺术时期的首饰制作中使用得更为普遍。

到现代社会,珐琅工艺又渐渐地运用到首饰制作中,丰富了首饰的色彩。奥地利著名饰品品牌 Frey Wille 是世界上唯一一家精于艺术设计的珐琅饰品制造商。还有德国拥有百年历史的著名珠宝品牌 Wellendorff(华络芙)也善于将珐琅工艺运用于首饰制作中。

此外,东西方早期的宝石种类还有很多,其中绿松石、珊瑚、玛瑙、红玉髓、象牙、红蓝宝石、石榴石等天然宝石在中国古代及西方早期都非常受欢迎。

(二)中西方早期金属材料

1. 黄金

黄金被誉为"太阳的象征",是人们历来追求的财富之一。黄金因颜色及稳定的化学性质等,成为了中西方各国人们所追捧的对象。苏美尔人最早使用黄金并用于首饰制作,之后黄金被传到古埃及、古希腊、古罗马等各个国家。

中国商朝人们开始使用黄金并用于制作首饰,之后黄金渐渐地成为流通的货币。大量的黄金饰品出土表明,黄金在中国古代多用于宫廷、贵族的首饰制作。黄金饰品具有传统、含蓄的特点,通常作为结婚礼品使用,订婚习俗中金项链、金耳环、金戒指(俗称"三金")等黄金饰品是必需品,此外龙凤金手镯、金项链、金戒指也成为姑娘婚嫁必不可少的金饰品。目前国内知名品牌周大福、周生生、老凤祥等珠宝公司主要从事黄金饰品业务,其产品深受人们的喜爱。

由于受不同地域文化的影响，在现代西方国家，纯金首饰已不再像早期那样普及。随着社会的发展，他们不再注重黄金的成色以及所代表的财富地位，而开始注重首饰的款式及色彩的搭配。在 2004 年，意大利推出"K-gold 黄金系列首饰"，从此 K-gold 成为全世界年轻人热爱的饰品，成为时尚的代名词。

2. 白银

白银被誉为"月亮的代表"。白银被发现及被使用的时间比黄金稍微晚些，相对于黄金廉价很多，但无论在西方还是在东方同样受人们的欢迎。

中国人对白银有这样的评价："它价格不高，却具有首饰传统的气质；它虽不及金之贵重沉稳，却能遍及大街小巷，亲和之力是其他珠宝无可比拟的。"尤其是在清末民国时期，银饰大量普及，几乎每个百姓家里都有两件以上的银饰品。同样无论是在中国少数民族的早期还是现在，银饰几乎成为少数民族首饰的独有材质。

而在西方早期首饰中也有大量的银饰出土，目前白银饰品依旧很受人们的喜爱。国际知名品牌 Tiffany（蒂芙尼）及 Folli Follie（芙丽芙丽）以及专门从事银饰及银器制作的国际知名品牌 Georg Jensen（乔治·杰生）都为我们创造了精美、时尚、个性化的银饰品。

3. 铂金

与黄金、白银相比，铂金发现并运用的历史较短，但凭借它的稀少、颜色及优良的化学性质，很快跃身为"贵金属之王"。在西方国家铂金最早被用于首饰制作，大约在 20 世纪 20 年代至 30 年代铂金饰品开始流行，直到现今仍受人们欢迎，无论是国际知名奢侈珠宝品牌 Cartier、Van Cleef & Arpels、Harry Winston、Boucheron 等，还是首饰作坊，都陈列着高档的铂金饰品。

中国古代几乎很少见到铂金饰品，直至 20 世纪末铂金饰品才渐渐地被人们所接受。到目前为止中国已成为铂金首饰销量领军国家。

4. 黄铜和青铜

黄铜和青铜在东西方早期常用于首饰制作，尤其是青铜制品最为常见。黄铜无论是在西方各国还是中国，一直以来都被认为是仿黄金的最佳材料。中国古代常常出现黄铜饰品（簪钗、手镯等），到清末民国时期，铜饰品多出现在平民家庭中。而在西方各国，17 世纪、18 世纪时期，黄铜被大量地运用到首饰制作中，这些饰品在现今已成为种类丰富、装饰感极强的古董饰品。

（三）其他材料

在中西方古代装饰中，人们除了运用宝石及金属材料之外，还运用大量的非传统首饰材料，例如鲜花、各种布料绸缎等。史料记载无论是在中国还是西方各国早期鲜花装饰都被用于装饰发部，甚至成为某个时代的流行装饰品，例如在我国宋朝非常流行用鲜花装饰头部。此外，在西方的文艺复兴时期及 18 世纪至 19 世纪，鲜花常常被制作成花冠或直接点缀在头部。

第三节　首饰的风格化

首饰具有一定的时代性、地域性。因各地域首饰受时代文化的影响，经过时间的沉淀，首饰在某个时期或某个地域带有综合性的相同特点，从而形成一定的首饰艺术风格。

一、时代风格

时代风格是指随着时间的流逝，在历史某个时代的各种艺术风貌、特征的综合呈现。因首饰的发展深受时代文化的影响，其首饰的艺术特征与当时的建筑、绘画、雕塑、音乐等其他艺术形式的艺术特征往往不谋而合。

古希腊时期及之后文艺复兴时期的首饰就带有古典主义风格：其首饰形式工整、对称形体较多；做工严谨，多运用浮雕、珐琅、累丝、累珠工艺；多以神话、圣经和历史事迹为题材。

17世纪的建筑、雕塑、绘画等艺术形式深受巴洛克风格的影响。这种风格追求鲜明饱满的色彩和扭曲的曲线，追求华丽、夸张、怪诞和壮丽的表面效果。在当时，人们在装饰中也追求华丽、夸张的效果，大量的丝织品取代了文艺复兴晚期的紧身衣和正式场合佩戴的首饰。传统首饰在这个时期受巴洛克风格的影响不是很明显。

18世纪的首饰深受洛可可风格的影响。这种风格呈一种非对称的、富有动感的、自由奔放而又纤细、轻巧、华丽繁复的装饰样式。当时的首饰设计元素多来源于自然界，设计师将动植物某些生长规律和外在形态的某些特点用弯曲的金属、多彩的宝石及珐琅釉彩表达得淋漓尽致。

19世纪的首饰深受新古典主义风格、浪漫主义风格以及维多利亚艺术风格的影响。新古典主义风格首饰多在设计风格和题材上模仿古希腊、古罗马时期的首饰。具有浪漫主义艺术风格的首饰的设计理念偏重设计师自己的想象和创造，创作题材取自现实生活，首饰形体豪放、富有运动感。

后期的新艺术主义风格、装饰艺术风格、现代主义风格、后现代主义风格也影响每个时期的首饰艺术风格。

二、地域风格

地域风格是艺术创作因长期受本土文化的影响，进而形成的一种具有本土特征、形式固定的艺术风格。

(一)游牧风格

游牧风格是指因受当地环境、习俗、装束、人们审美观念的影响，设计元素、设计风格呈现的具有游牧特征的固定艺术风格。游牧风格首饰材质多选用与草原相反或相近的颜色，例如红珊瑚、绿松石等，形式不拘一格，具有豪放之气，如我国的蒙古族首饰、维吾尔族首饰等。

(二)波希米亚风格

波希米亚原意指豪放的吉卜赛人和颓废派的文化人。而波希米亚风格是指一种保留着某种游牧民族特色的服装风格,这种风格的饰物装饰也形成了一种固定的模式:佩戴的首饰多样、款式夸张、材料多样,以皮绳、合金材料、做旧银材质、天然或染色石头、中低档宝石为主。波希米亚风格装饰形式十分繁琐,身体上任何能披挂首饰的部位,如手腕、脚踝、颈前、腰间,还有耳朵、指尖都可佩戴多串饰物,走起路来叮当作响。

(三)民族风格

民族风格是指在固定的民族、部落中的具有共同的文化习俗、生活习惯、服饰装束的团体或家族中长期形成的共同艺术风貌及特征。例如:中国的苗族首饰、藏族首饰已形成苗饰风格、藏饰风格;美洲的印第安人、大洋洲的土著居民善于以多种方式装饰自己的身体,如将羽毛、木、骨、石、植物纤维、贝等自然材料简单打磨后直接佩挂在身上,透露着浓厚的原始传统气息,并形成十分独特而极具魅力的土著装饰艺术风格。

三、个人艺术风格

个人艺术风格是艺术家、设计师、制作师经过长期创作实践而形成的一种独特的个人艺术风格。这种风格可能是多种艺术风格的结合,也可能是新的艺术风格的再创,无论是何种艺术形式,都体现了艺术家的独特艺术风貌。

在首饰创作行业中,国内外已出现了很多优秀首饰设计师,他们创造了大量具有独特艺术风格的首饰作品。其中有些首饰设计师创立了个人品牌、工作室,还有些设计师加入了国际知名首饰品牌的设计行列,可以说他们引领着首饰的发展前进,掌握着首饰发展的趋势。

时代风格、地域风格已形成固定的风格模式,被当今的首饰艺术家借鉴、综合、再创。目前越来越多的首饰从业人员开始了自己的独家定制业务,具有个人艺术风格的首饰将会越来越多。估计几十年过后回首现在,"个人艺术风格"将会成为时代的主流设计风格。

随着科技的发展、民族的熔融,首饰似乎没有了国界,没有了地域因素的限制。各国的首饰设计师借鉴各个地域的设计元素、设计风格等,将东西方各国、各个民族、传统与现代的艺术特征相互结合,形成了一种新的现代首饰文化空间。

阅读资料一

1. 艺术风格

艺术风格是艺术家鲜明独特的创作个性的体现,统一于艺术作品的内容与形式、思想与艺术之中,在实践中形成相对稳定的艺术风貌、特色、作风、格调和气派。

2. 英国手工艺运动

英国手工艺运动通常被看作新艺术运动的先导,它起源于19世纪下半叶英国的一场设计运动。1851年英国举办的第一届世界博览会展示了工业革命的成果,同时也让一些先觉的知识分子发现,工业化批量生产致使家具、室内产品、建筑的设计水准明显下降。相对于手工制作,这些机器生产的产品似乎失去了灵魂和精神而变得粗制滥造和千篇一律,于是他们其中一些人开始梦想改变这种令人沮丧的状况。这场运动激励了许多人思考工业革命带来的负面影响,从而寻求更佳的解决方案,掀起了此后的新艺术运动的思潮。

3. 新古典主义

新古典主义艺术风格兴起于18世纪中期的法国绘画界,19世纪出现在欧洲的建筑装饰界,以及与之密切相关的家具设计界。新古典主义艺术风格是针对巴洛克风格和洛可可风格所进行的一种强烈反叛的产物,它力求恢复古希腊、古罗马所强烈追求的"庄重与宁静感"的题材与形式,并融入理性主义美学,强调自然、淡雅、节制的艺术风格。它不同于16世纪、17世纪盛行的古典主义。它排挤了抽象的、脱离现实的绝对美的概念和贫乏的、缺乏血肉的艺术形象。它以古代美为典范,从现实生活中吸取营养,尊重自然、追求真实。它对古代景物的偏爱,表现出人们对古代文明的向往和怀旧感。

4. 自然主义

所谓自然主义,是指审美经验中对人与自然天然亲和关系的体认。非经审美形式变形、陌生化的逼真的摹仿和镜子式的再现即为自然主义。在道家看来,自然的就是最好的、最合理的、最有价值的。根据这样的主张,人类的一切行为都应该遵循自然主义的原则,尽可能地提高自然的程度。

5. 浪漫主义

浪漫主义是文艺的基本创作方法之一,与现实主义并称为文学艺术上的两大主要思潮。作为创作方法,浪漫主义在反映客观现实上侧重从内心世界出发,抒发对理想世界的追求,常用热情奔放的语言、瑰丽的想象、夸张的手法来塑造形象。浪漫主义画派是19世纪初叶，资产阶级民主革命时期兴起于法国画坛的一个艺术流派。这一画派摆脱了当时学院派和古典主义的羁绊，偏重发挥艺术家自己的想象力和创造力，创作题材取自现实生活，画面色彩浓烈，笔触奔放，富有运动感。

6. 写实主义

写实主义也称现实主义，是19世界后期发生于欧洲的思想风潮。它反对古典主义和浪漫主义，主张在文艺作品中表现现实生活，影响遍及绘画、小说、戏剧等各领域。写实主义起源于法国，中心也在法国，后波及欧洲各国。

7. 象征主义

象征主义是19世纪末在法国及西方几个国家出现的一种艺术思潮。象征派主张强调主观、个性，以心灵的想象创造某种带有暗示和象征性的神奇画面。他们不再把一时所见真实地表现出来，而通过特定形象的综合来表达自己的观念和内在的精神世界，在形式上则追求华丽堆砌和装饰的效果。象征主义不追求单纯的明朗，也不故意追求晦涩，它所追求的是半明半暗、明暗配合、扑朔迷离的意境。

8. 立体主义

立体主义是西方现代艺术史上的一个运动和流派，又译为立方主义，1907年始于法国。立体主义的艺术家追求碎裂、解析、重新组合的形式，形成的分离画面——组合的碎片形态为艺术家们所要展现的目标。艺术家从很多不同角度来描写对象物，将它置于同一个画面之中，以此来表达对象物最为完整的形象。物体的各个角度交错叠放形成了许多的垂直与平行的线条角度，散乱的阴影使立体主义的画面没有传统西方绘画的透视法造成的三维空间错觉。背景与画面的主题交互穿插，让立体主义的画面创造出一个二维空间的绘画特色。

9. 构成主义

构成主义又名结构主义，其发展始于19世纪20年代。雕刻艺术家马里维奇（Malevich）、贾波（Gabo）、佩夫斯纳（Pecsner）把未来主义和立体主义的机械艺术相结合，发展成构成主义。其纲领为：谋求造型艺术成为纯时空的构成体，使雕刻绘画均失去其特性，用实体代替幻觉，构成既是雕刻又是建筑的造型，建筑的形成必须反映出构筑手段。

10. 抽象表现主义

抽象表现主义是指一种结合了抽象形式和表现主义画家情感价值取向的非写实性绘画风格。抽象表现主义最重要的前身通常是超现实主义，超现实主义强调无意识、自发性、随机创作等概念。抽象表现主义之所以能自成一派，原因在于它表达了艺术的情感强度，还有自我表征等特性。它是第一个由美国兴起的艺术运动。抽象表现主义的画作往往给人以反叛的、无秩序的、超脱与虚无的特异感觉。抽象绘画的发展趋势，大致可分为：①几何抽象（或称冷的抽象），它是以塞尚（Cézanne）的理论为出发点，经立体主义、构成主义、新造型主义等发展而来，其特色为带有几何学的倾向，这个画派以蒙德里安为代表；②抒情抽象（或称热的抽象），它是以高度的艺术理念为出发点，经野兽派、表现主义发展而来，带有浪漫的倾向，这个画派以康丁斯基（Kandinsky）为代表。

11. 解构主义

解构主义是指一个从20世纪80年代晚期开始的后现代建筑思潮。它的核心理论是对于结构本身的反感,认为符号本身已能够反映真实,对于单纯个体的研究比对整体研究更重要。解构主义建筑师设计的共同点是赋予建筑各种各样的可能性,倾向于运用相翼、偏心、反转、回转等手法表现建筑的不安定性和运动感。

12. 后现代主义

后现代主义源自现代主义但又反对现代主义,是对现代化过程中出现的主体性和感觉丰富性、整体性、中心性、同一性等思维方式的批判与解构。后现代主义对现代主义观念开始重新选择评估,使现代主义的部分因素在新的历史条件下重新发展。一方面,后现代主义提出了新时期艺术形态的新观点。另一方面,后现代主义将现代主义建构起的原型进行改变并夸张,甚至完全抛弃了原有的内容,这种无所顾忌表达个性的方式变成了冷酷的无个性表现,实际上是现代主义的某些片面思想的极端发展。

13. 波普风格

波普风格又称"流行风格",它代表着20世纪60年代工业设计追求形式上的异化及娱乐化的表现主义倾向。从设计上来说,波普风格并不是一种单纯的一致性的风格,而是多种风格的混杂。它追求大众化的、通俗的趣味,反对现代主义自命不凡的清高。波普风格在设计中强调新奇与奇特,并大胆采用艳俗的色彩,给人眼前一亮、耳目一新的感觉。波普风格的宗旨是追求新颖、追求古怪、追求稀奇。波普设计风格的特征变化无常,难以确定统一的风格,可以说是形形色色、各种各样的折中主义的体现。它被认为是一种形式主义的设计风格。

14. 观念艺术

观念艺术是兴起于20世纪60年代中期的西方美术流派。观念艺术排除传统艺术的造型性,认为真正的艺术作品并不是由艺术家创造成的物质形态,而是作者的概念(concept)或观念(idea)的组合。当一件物质形态的艺术品呈现于观众面前时,观众所获得的信息并不比某一事物的概念或某一事物的意义在时空中更强烈。因此,照片、教科书、地图、图表、录音带、录像乃至艺术家的身体都被用作观念艺术的传达媒介,借以表现观念形成、发展及变异的过程。观念艺术的美学追求主要表现在两个方面:其一,记录艺术形象由构思转化成图式的过程,让观众了解艺术家的思维轨迹;其二,通过声、像或实物强迫观众改变欣赏习惯,参与艺术创作活动。

阅读资料二

1. 珍妮·杜桑(Jeanne Toussaint)

1923年,第一次世界大战结束不久,路易斯·卡地亚(Louis Cartier)聘请女设计师珍妮·杜桑为Cartier高级订制珠宝部门的艺术总监,正是她让卡地亚之豹产生从平面转为立体的发展。

珍妮·杜桑从大自然的动植物界寻找灵感,为当代时尚名人制作了非凡独特的珠宝套件。珍妮·杜桑相当喜欢豹,据说她的绰号就叫"豹"。她设计的豹形珠宝也特别受欢迎。她的豹形珠宝中最有名的就是完成于1948年的豹形胸针,这也是她的第一件豹形珠宝。这件为温莎公爵夫人特别设计的豹形胸针制作工艺精湛:用白金和白色K金打造出一只姿态神气的豹,再用钻石和蓝宝石铺镶出豹纹,华丽且优雅。

从这只豹形胸针开始,珍妮·杜桑又发展出系列豹形产品,如胸针、手链、项链及长柄眼镜等。而温莎公爵夫人则被Cartier列为第一个佩戴美洲豹系列的人,这也成为温莎公爵夫人的个人象征。豹子很快就成了Cartier的主题设计图案,象征着更强大的新时代女性。它强烈地体现了新时代妇女的个性,在某种程度上也象征着自由。

2. 让·史隆伯杰(Jean Schlumberger)

Tiffany著名珠宝设计师让·史隆伯杰,出生于法国,他自由地尝试组合黄玉、紫水晶、绿宝石、蓝宝石和海蓝宝石,从而创造出了经典的"天堂鸟"夹针系列。让·史隆伯杰不仅是个设计师,还是一位革新者,通过他的努力,19世纪的传统工艺——在18K金上装饰亮色的珐琅技术至臻完美。他设计的透明珐琅手镯系列还成为时尚女士行头中的必备品。今天,由让·史隆伯杰创作的作品已被世界各地的博物馆和收藏家们广为珍藏。

如今,时尚女性比以往任何时候都渴求让·史隆伯杰的作品,因为不论是相对简约的珐琅手镯,还是更为精美的装饰项链,他的作品都在这个日益忽略创新的世界中超凡脱俗。敏锐的顾客总会被他的创造性设计和精湛工艺所吸引,这些特点不仅是史隆伯杰制作每件作品的核心,也是Tiffany的精髓所在。

3. 帕罗玛·毕加索(Paloma Picasso)

女设计师帕罗玛·毕加索在沃尔特·豪温(Walter Hoving)临退休时,加入了Tiffany的设计阵容。身为著名画家毕加索的女儿,艺术修养自然不俗,她的设计用色大胆却协调,外形简单但抢眼。帕罗玛还为自己的设计担当广告模特儿,一头乌发、一抹红唇,常常比首饰还引人注目。

她奉行非神秘化的设计宗旨,创作的饰品造型非常简洁:随意的十字架、看似漫不经心的波形曲线等。纯银螺丝钥匙扣成为 Tiffany 的经典之作,这件作品线条简洁、华美实用,一直是最得人心的馈赠佳品,每个钥匙扣均系着"Return to Tiffany"的吊牌,上面刻有购买者的识别号码,若是钥匙扣不慎丢失,只要拾货者送回 Tiffany,就能根据识别码物归原主。Tiffany 采用吊牌形式设计的一系列珠宝也由此大受欢迎。

4. 劳伦兹·鲍默(Lorenz Baumer)

劳伦兹·鲍默担任 LV(Louis Vuitton)高级珠宝艺术总监。他曾说过:"一件珠宝作品别无其他,只是带来幸福与快乐感。"劳伦兹·鲍默是法国的独立珠宝设计师,作品除珠宝外,还有手表和家饰。他的作品曾被巴黎装饰艺术博物馆典藏。他还得到了法国文化部颁发的"艺术及文学骑士勋章"。值得一提的是,劳伦兹·鲍默与顶级时装品牌结缘已久,很早之前他就曾为香奈儿(Chanel)、巴卡拉(Baccarat)做过匿名珠宝设计。

今天,劳伦兹·鲍默设计的珠宝作品无处不在。他采用最稀有的宝石、钻石、帝王玉、西伯利亚紫水晶、沙滩鹅卵石、巴西米纳斯吉拉斯矿里的各种颜色的碧玺制作珠宝首饰。他一直致力于探索珠宝世界里还无人触及的艺术疆域。

5. 佛杜拉(Verdura)

佛杜拉是来自意大利西西里岛的珠宝设计师,他曾是 Chanel 的首席珠宝设计师。他在作品中充分展现了珠宝的浪漫精致,而且将价值不菲的宝石进行了巧妙地搭配。他最有名的混搭作品的制作方法是:取用真正的贝壳,在上面镶嵌宝石。这件作品当年就让珠宝收藏家惊艳。

"捆绑的心"(Wrapped Heart)是佛杜拉传世的经典。当年,一位粉丝请他设计一件珠宝,送给太太,作为情人节的礼物。佛杜拉将圆凸形的红宝石满铺,形成一颗红艳艳、饱满的心,然后用镶嵌了钻石的细绳把这颗心捆绑起来,打了一个漂亮的蝴蝶结,并为此作品取名"捆绑的心"。

6. Kevin Friedman

Kevin Friedman 是南非乃至整个非洲的顶级珠宝首饰设计师,同时也是 De Beers 的加盟设计师。他的设计虽然带有 De Beers 的风格,但更多地还是体现了设计师所深深根植的南非气息,具有鲜明的民族特色。

7. 考林·威利特(Colin Waylett)

考林·威利特是西班牙著名的珠宝设计师,他善于从大自然中以及生活中的常见事物中吸取灵感,例如树木、种子、管道、缠绕的电线等。他观察它们的外形和肌理结构并成功运用在珠宝设计中。虽然许多设计源于瞬间闪现的灵感,但是这些灵感要经过不断的改进,需要花好几个月甚至更长的时间才能得到完美展现。他在设计时大多选用 18K 金作为材料,在使用传统的工具和方法的同时,结合现代技术与设备进行制作。

8. 彼德·施库比克(Peter Skubic)

奥地利著名珠宝设计师彼德·施库比克是一位在欧洲首饰艺术史上极具影响力的人

物。当欧洲首饰还处于传统金工工艺一统天下的时代时，他勇于从传统的束缚中摆脱出来，大胆地将传统首饰用材中从未出现过的不锈钢作为主材大加运用，通过对不锈钢的特质和色泽的展示，以体现材质的美学价值，从而确立了艺术首饰设计的新视角。

9. 陈世英（Wallace Chan）

中国香港珠宝设计雕刻师陈世英的创作风格是：以不同色彩宝石配合精湛雕刻工艺，部分作品以钛元素作为骨干，使镶满华贵彩石的珠宝变得更加轻盈却又不失慑人的华丽气派。他是珠宝界的混搭高手，用绿色碧玺衬托粉宝、黄钻，用有着400多年历史的紫檀木配上璀璨的钻石，用现代感十足的钛合金镶嵌翡翠等。陈世英的创作中充满了不可思议的混搭，却又展现出闻所未闻的惊人美感。

10. 赵心绮（Cindy Chao）

赵心绮是中国台湾首位进军纽约佳士得的珠宝设计师，在建立品牌短短3年后就成为世界珠宝设计舞台上的一匹中国黑马。身为一个雕刻家的女儿，她深知各种材质珠宝的不同特性，就像渔夫的女儿熟谙河滩深浅一样。她对利用宝玉石的特性展现最完美的装饰效果轻车驾熟。她在设计时多选用最珍贵的宝石，用360°立体镶嵌法向传统镶嵌方法发起挑战。

11. 胡茵菲（Anna Hu）

胡茵菲出生于中国台湾，曾在美国留学，先后在佳士得纽约拍卖行珠宝部，以及世界一流珠宝品牌公司梵克雅宝（Van Cleef & Arpels）和哈利·温斯顿（Harry Winston）工作。"用宝石画画"，胡茵菲如此定义着珠宝设计。胡茵菲对艺术品位拥有自己的见解，希望透过宝石抓住感动的瞬间。当胡茵菲将"宝石不再是宝石，而是大自然色彩缤纷的贺礼"的创作理念融入作品中时，胡茵菲的作品更具艺术性，受到皇室王妃、社会名媛们的喜爱。

12. 刘斐

刘斐曾凭作品《快乐的喷泉》（耳环）荣获"英国金匠工艺与设计大赛"一等奖，成为该英国最高级别的珠宝大赛中百年历史上首位获奖的中国设计师，并在瑞士巴塞尔国际珠宝设计大赛上获得了"世界十大国际珠宝设计师"的美誉。立体感和夸张的色彩一直是刘斐设计中两个很重要的特色，同时它的珠宝设计在吸收西方时尚元素的同时，也结合了中国传统的审美习惯，增添了作品的韵味和时尚感。

13. 翁狄森（Dickson Yewn）

翁狄森，中国香港珠宝首饰设计师，曾分别在法国巴黎及加拿大渥太华的学校里攻读艺术及工商管理专业。毕业后赴纽约时装学院继续钻研摄影及珠宝设计。自小习画、受艺术熏陶的翁狄森，一直对中国历史文化及艺术有着千丝万缕的情意，从作品《窗花》《剪纸》《如意锁》到《誉牡丹》等，都能感受到中国传统文化和珠宝艺术的完美融合。

14. 林莎莎（Sasa）

既是珠宝设计师又是珠宝商人的才女林莎莎，曾在美国读大学时选修了建筑和室内设计专业。她倡导实用与艺术的结合，习惯了计算各种数据的她并不只是单纯地执着于珠宝的艺术性设计,在她看来以最适合的材质、最经济的尺寸规格做出最美丽的珠宝才算是最完美的作品。因此,她特别注重材质的选择,建筑设计中的某些材质的特性也会给她带来珠宝设计的无限灵感。比如抛光与亚光的和谐组合、特殊技术的应用、立体造型的虚实结合,都在小小的珠宝上得到最大胆的尝试。同时,她对色彩和品质都有着极高的要求。在她的作品中色彩的搭配极为讲究,她对每一块宝石的选择也是慎之又慎,再配合卓越的意大利做工,有力地保证了作品的品质。

15. 任进

任进,1962年生,博士,中国地质大学(北京)珠宝学院副教授、研究生导师,现主要从事高档珠宝首饰的定制工作,先后担任国内各类首饰设计大赛的评委;任多家黄金珠宝首饰品牌的首席设计师、顾问等职;在宣传珠宝设计文化方面有着较高的知名度与影响力,担任多家时尚媒体的顾问。设计风格崇尚展现珠宝之奢华,突出首饰之美丽,诠释珠宝背后之文化,力图从多种题材入手,最大限度地满足高端消费人群的艺术鉴赏及展示佩戴需求。

16. 高源

高源作为中国最资深的女摄影师,早在14岁的时候就开始迷恋手工。她的第一件首饰作品是用一只铅笔头,除去中间的铅芯儿,穿上电线里的铜丝,最后做成的一个耳环,自此之后她的首饰制作爱好一直持续到了现在。她认为:在选择首饰时应更多关注设计和创意,并非只有昂贵的材质才可以设计出多样和有趣的配饰。她在设计时多采用黄铜、银、绳子等普通人认为廉价的材质,设计出的首饰具有线条不规则、图案很质朴的特点。她的作品中手工打造的痕迹很明显,有点像儿童手中的橡皮泥或是蜡笔画。

参考文献

黄能馥,苏婷婷,2010.珠翠光华——中国首饰图史[M].北京:中华书局.

管彦波,2006.中国头饰文化[M].呼和浩特:内蒙古大学出版社.

王苗,2012.珠光翠影:中国首饰史话[M].北京:金城出版社.

杭海,2005.妆匣遗珍:明清至民国时期女性传统银饰[M].上海:生活·读书·新知三联书店.

郑婕,2005.中国古代人体装饰[M].西安:世界图书出版西安公司.

扬之水,2010.奢华之色:宋元明金银器研究(卷一)宋元金银首饰[M].北京:中华书局.

扬之水,2010.奢华之色:宋元明金银器研究(卷二)明代金银首饰[M].北京:中华书局.

扬之水,2010.奢华之色:宋元明金银器研究(卷三)宋元明金银器皿[M].北京:中华书局.

贺云翱,邵磊,2008.中国金银器[M].北京:中央编译出版社.

马大勇,2009.云鬓凤钗:中国古代女子发型发饰[M].济南:齐鲁书社.

王金华,2008.图说清代吉祥佩饰[M].北京:中国轻工业出版社.

米兰Lady,2011.饰琳琅[M].北京:中国华侨出版社.

孟晖,2021.美人图[M].北京:中信出版集团.

左丘萌,末春,2020.中国装束:大唐女儿行[M].北京:清华大学出版社.

李薇,2016.国粹图典:服饰[M].北京:中国画报出版社.

朱晓丽,2010.中国古代珠子[M].南宁:广西美术出版社.

秦小丽,2010.中国古代装饰品研究(新石器时代:早期青铜时代)[M].西安:陕西师范大学出版社.

沈从文,2017.中国古代服饰研究[M].上海:上海书店出版社.

赵超,2004.云想衣裳:中国服饰的考古文物研究[M].成都:四川人民出版社.

古方,2005.中国出土玉器全集(14卷):陕西[M].北京:科学出版社.

申秦雁.陕西历史博物馆珍藏:金银器[M].西安:陕西人民美术出版社.2003.

中国社会科学院考古研究所,1980.殷墟妇好墓[M].北京:文物出版社.

国家文物局,1994.中国文物精华大全:金银玉石卷[M].商务印书馆,上海辞书出版社.

杨伯达,1986.中国美术全集[M].北京:文物出版社.

陕西历史博物馆,北京大学考古文博学院,北京大学震旦古代文明研究中心,2003.花舞大唐春:何家村遗宝精粹[M].北京:文物出版社.

黄秀芳,2018.中国衣冠[M].北京:中华遗产杂志社.

[英]泰特,2010.世界顶级珠宝揭秘[M].陈早,译.昆明:云南大学出版社.

大英博物馆,首都博物馆,2006.世界文明珍宝:大英博物馆之250年藏品[M].北京:文物出版社.

孟昭毅,曾艳丘,2008.外国文化史[M].北京:北京大学出版.

张夫也,1999.外国工艺美术史[M].北京:中央编译出版社.

叶志华,2011.珠宝首饰设计[M].中国地质大学出版社.

邹宁馨,2009.珠宝首饰设计与制作[M].重庆:西南师范大学出版社.

滕菲,2004.灵动的符号:首饰设计实验教程[M].北京:人民美术出版社.

郭新,2009.珠宝首饰设计[M].上海:上海人民美术出版社.

张晓燕.楼慧珍,2010.首饰艺术设计[M].中国纺织出版社.

Design－Ma－Ma设计工作室,2011.当代首饰艺术(中文版):材料与美学的革新[M].北京:中国青年出版社.

罗振春,2007.第二表情:首饰设计课程[M].南京:江苏美术出版社.

邹婧,余艳,2009.世界经典首饰设计[M].长沙:湖南大学出版社.

时涛,欧阳明德,2010.珠宝品鉴[M].北京:中国纺织出版社.

王敏,2010.玻璃器皿鉴赏宝典[M].上海:上海科学技术出版社.

中国民族博物馆,2005.中国少数民族图典[M].北京:中国画报出版社.

唐绪祥,2006.银饰珍赏志:中国民间银饰艺术的美丽典藏[M].南宁:广西美术出版社.

孙和林,2001.云南银饰[M].昆明:云南人民出版社.

钟茂兰,范林,2005.中国少数民族服饰[M].北京:中国纺织出版社.

北京大陆桥文化传媒,2009.世界品牌故事珠宝卷[M].北京:中国青年出版社.

高芯蕊,2006.中西方首饰文化之对比研究[D].北京:中国地质大学(北京).

张荣红,杨梅珍,2001.欧美当代首饰艺术的特点——材料、主题和形式在传统概念上的突破[J].宝石和宝石学杂志,3(2):32－34.

张荣红,林斌,周汉利,2003.中国首饰设计现状及发展对策[J].宝石和宝石学杂志,5(4):32－33.

赵莹,张晓熙,2005.古埃及首饰浅析[J].宝石和宝石学杂志,7(3):32－34.

刘珂珂,2005.首饰与观念[J].东方艺术(19):67.

王昶,申柯娅,2004.中国少数民族首饰文化特征[J].宝石和宝石学杂志,6(1):29－31.

陆思贤,郑隆,1987.内蒙古临河县高油房出土的西夏金器[J].文物(11):65－68.

孙建华,2007.内蒙古地区出土的西夏金器[J].故宫博物院院刊(6):48－51,161.

宋耀良,1993.西夏重镇黑山城址考[J].宁夏社会科学(5):66－70.

王义芝,2009.敦煌壁画中妇女的插梳方式及美学内涵[J].四川文物(5):6－10.

董洁,2013.唐代女性玉首饰[J].文博(1):42－48.

邱晓勇,2011.奢华的艺术:浅谈明代金银首饰[J].大众文艺(学术版)(19):205-206.

余洁,2013.商代头饰与发式研究[D].郑州:郑州大学.

扬之水,2016."繁华到底":明藩王墓出土金银首饰丛考[J].中国国家博物馆馆刊(8):68-98.

顾苏宁,徐佩佩,2011.南京市博物馆藏金镶玉文物浅析[J].华夏考古(4):95-108,153-162,169.

吴超明,唐静,2019.走进金色记忆:中国出土14世纪前金器特展撷菁[J].收藏家(4):43-48.